D1690759

KIELER GEOGRAPHISCHE SCHRIFTEN

Begründet von Oskar Schmieder

Herausgegeben vom Geographischen Institut der Universität Kiel
durch C. Corves, R. Duttmann, R. Hassink, W. Hoppe, R. Ludwig,
G. v. Rohr, H. Sterr und R. Wehrhahn

Schriftleitung: P. Sinuraya

Band 114

ALEXANDER HERZIG

Entwicklung eines GIS-basierten
Entscheidungsunterstützungssystems als
Werkzeug nachhaltiger Landnutzungsplanung

Konzeption und Aufbau des räumlichen
Landnutzungsmanagementsystems LUMASS für die
ökologische Optimierung von
Landnutzungsprozessen und -mustern

KIEL 2007

IM SELBSTVERLAG DES GEOGRAPHISCHEN INSTITUTS
DER UNIVERSITÄT KIEL
ISSN 0723 – 9874
ISBN 978-3-923887-56-9

Bibliographische Information Der DeutschenBibliothek

Die Deutsche Bibliothek verzeichnet diese Publikation in der Deutschen Nationalbibliografie; detaillierte bibliografische Daten sind im Internet über http://dnb.ddb.de abrufbar.

ISBN 978-3-923887-56-9

Die vorliegende Arbeit entspricht im Wesentlichen der von der Mathematisch-Naturwissenschaftlichen Fakultät der Christian-Albrechts-Universität zu Kiel im Jahre 2006 angenommenen gleichlautenden Dissertation.

Das Titelbild zeigt einen Ausschnitt aus einer mit Hilfe von LUMASS generierten Karte optimaler Landnutzungen (vgl. Abb. 35)

Titelbild: Alexander Herzig

©

Alle Rechte vorbehalten

Vorwort

Die vorliegende Arbeit ist auf Anregung meines Doktorvaters Herrn Prof. Dr. R. Duttmann entstanden. Ich danke ihm sehr herzlich für die Überlassung des überaus interessanten Themas und die hervorragende wissenschaftliche Betreuung der Arbeit.

Für die Bereitstellung von Daten zu ausgewählten Bodendauerbeobachtungsflächen Niedersachsens, danke ich Herrn Dr. W. Schäfer vom Niedersächsischen Landesamt für Bodenforschung – Bodentechnologisches Institut Bremen (BTI). Weiterhin danke ich Frau Annette Thiermann (BTI) für die Erfahrungsberichte zum Testeinsatz von LUMASS. Dem Landesamt für Natur und Umwelt Schleswig-Holstein danke ich für die Überlassung der digitalen Bodendaten.

Ferner danke ich meinem Kollegen Herrn Ben Schmehe für die Unterstützung durch Kartier- und Befragungsergebnisse zum Untersuchungsgebiet Bordesholm. Herrn Daniel Gerken danke ich für die Zuarbeit bei der Aufbereitung der Bodendaten sowie für Digitalisierarbeiten. Für die kritische Durchsicht des Manuskripts danke ich meinen Kolleginnen und Kollegen Michaela Bach, Ulrike Klein, Karsten Krüger, Kay Sumfleth sowie meinem Freund Torsten Wolff.

Zu guter Letzt bleibt mir nur zu hoffen, dass LUMASS den Weg in die Planungspraxis findet und einen kleinen Beitrag zur nachhaltigen Landnutzungsplanung leisten kann.

Kiel, Mai 2007   Alexander Herzig

Inhaltsverzeichnis

Vorwort   I
Inhaltsverzeichnis   III
Abbildungsverzeichnis   V
Tabellenverzeichnis   VI

1	**Einführung**	1
1.1	Problemstellung	1
1.2	Zielsetzung und Aufbau der Arbeit	4
2	**Räumliche Entscheidungsunterstützungssysteme**	7
2.1	Von GIS zu räumlichen Entscheidungsunterstützungssystemen	7
2.2	Funktionale Eigenschaften	12
2.3	Strukturelle Eigenschaften	17
2.4	Fazit	19
3	**Konzeption und Implementierung von LUMASS**	21
3.1	Funktionale Systemkomponenten	21
3.2	Strukturelle Systemkomponenten	25
3.3	Datenmanagement	26
3.3.1	Datenebenen	27
3.3.2	Datenkonfiguration	28
3.4	Landschaftshaushaltliche Modellierung	33
3.4.1	Reliefparameter	33
3.4.2	Direktabfluss	42
3.4.3	Bodenerosion durch Wasser	44
3.4.4	Oberirdische Stofftransporte	53
3.4.5	Bodenwasserhaushalt	54
3.4.6	Bodenverdichtung	58
3.4.7	Bodenkundliche Parameter	62
3.5	Räumliche multikriterielle Entscheidungsunterstützung	67
3.5.1	Allgemeine Grundlagen	68
3.5.2	Implementierung eines mathematischen Optimierungssystems zur Unterstützung räumlicher Entscheidungsprozesse	75
4	**Anwendung und Ergebnisse**	87
4.1	Untersuchungsgebiet	87
4.2	Modellierung oberirdischer Stofftransporte mit LUMASS	90
4.2.1	Anwendung	90
4.2.2	Ergebnisse	95
4.2.3	Diskussion	99
4.3	Landnutzungsoptimierung mit LUMASS	101
4.3.1	Anwendung	101
4.3.2	Ergebnisse	105

4.3.3	Diskussion	109
5	**Fazit und Ausblick**	111
6	**Zusammenfassung**	113
7	**Literaturverzeichnis**	117

Anhang 129
Allgemeine Abkürzungen 129
Standarddatenfeldnamen 130
Symbole 133
Tabellen 134
Abbildungen 139

Abbildungsverzeichnis

Abb. 1:	Methoden und Techniken zur funktionalen Erweiterung von GIS	10
Abb. 2:	Funktionale SDSS-Komponenten	15
Abb. 3:	Strukturelle SDSS-Komponenten	18
Abb. 4:	Strukturelle Systemkomponenten von LUMASS.	25
Abb. 5:	Datenebenen und -verknüpfungen in LUMASS	29
Abb. 6:	LUMASS – Untersuchungsgebiet	30
Abb. 7:	LUMASS – Geodaten-Konfigurationsdialoge	31
Abb. 8:	LUMASS – Reliefparameter	34
Abb. 9:	Beispiele für LUMASS-Reliefparameter und ihre Berechnung	37
Abb. 10:	LUMASS – Direktabfluss & Stofftransporte	41
Abb. 11:	LUMASS – ABAG	45
Abb. 12:	LUMASS – RUSLE - LS-Faktor	47
Abb. 13:	LUMASS – ABAG - K-Faktor	49
Abb. 14:	LUMASS – ABAG - C-Faktor	52
Abb. 15:	LUMASS – Grundwasserneubildung & Nitratauswaschungsgefährdung	56
Abb. 16:	LUMASS – Bodenverdichtung	59
Abb. 17:	Multiattribute Decision Making (MADM)	69
Abb. 18:	Multiattribute Decision Making (MADM) versus Multiobjective Decision Making (MODM)	73
Abb. 19:	LUMASS – Multiobjective Optimization: Problem	76
Abb. 20:	LUMASS – Multiobjective Optimization: Kriterien	78
Abb. 21:	LUMASS – Multiobjective Optimization: Zielfunktionen	79
Abb. 22:	LUMASS – Multiobjective Optimization: Nebenbedingungen für Ziele	81
Abb. 23:	LUMASS – Multiobjective Optimization: Nebenbedingungen für Flächen	82
Abb. 24:	LUMASS – Multiobjective Optimization: Problemlösung	84
Abb. 25:	Kartographische Darstellung der Optimierungsergebnisse	85
Abb. 26:	Speicherung der Optimierungsergebnisse in der Attributtabelle	85
Abb. 27:	Lage des Untersuchungsgebietes	88
Abb. 28:	Landnutzung des Untersuchungsgebietes	89
Abb. 29:	Geländehöhe und Hangneigung des Gebietsausschnitts zur Modellierung oberirdischer Stofftransporte	92
Abb. 30:	Semivariogramme der Höhenwerte für unterschiedliche Richtungen	93
Abb. 31:	Wahrscheinlichkeitskarte der Einzugsgebiete potenzieller oberirdischer Stoffaustragsstellen	96
Abb. 32:	Modellierte Sedimentausträge potenzieller oberirdischer Stoffaustragsstellen auf der Basis simulierter Geländehöhenmodelle	98
Abb. 33:	Arbeitsschritte bei der Landnutzungsoptimierung mit LUMASS	102
Abb. 34:	Bodenabtrag nach ABAG für eine Winterweizen - Wintergerste - Winterraps - Fruchtfolge	104
Abb. 35:	Optimale Landnutzungsverteilung für Szenario 1	106

Abb. 36: Schlagbezogener Bodenabtrag für eine Winterweizen-Monokultur 107
Abb. 37: Optimale Landnutzungsverteilung für Szenario 2 108
Abb. A 1: Kulturartenkalender (ABAG - C-Faktor) 139
Abb. A 2: Relative Bodenabtragswerte (ABAG - C-Faktor) 139
Abb. A 3: ABAG – R-Faktoranteile 140
Abb. A 4: Report zur Bestimmung der Kenngröße PVVAL 141
Abb. A 5: Report zur Bestimmung der Kenngröße PVCLASS 142
Abb. A 6: Report zur Bestimmung der Kenngröße PVSIG 143
Abb. A 7: Report zur Bestimmung der Kenngröße WE 144
Abb. A 8: Report zur Bestimmung der Kenngröße NFKWE 145
Abb. A 9: Report zur Bestimmung der Kenngröße KR 146

Tabellenverzeichnis

Tab. 1: Ausgewählte Stationen der GIS-Entwicklung 8
Tab. 2: Funktionale Systemkomponenten von LUMASS – GIV & DS 21
Tab. 3: Funktionale Systemkomponenten von LUMASS – Modellierung 22
Tab. 4: Bodenfeuchteklassen des SCS-CN-Verfahrens 42
Tab. 5: Datenbedarf zur Abschätzung des Direktabflusses 43
Tab. 6: Datenbedarf zur Abschätzung der Bodenerosion nach ABAG/RUSLE 50
Tab. 7: Datenbedarf zur Abschätzung oberirdischer Stofftransporte 54
Tab. 8: Datenbedarf zur Abschätzung der Bodenwasserhaushaltsparameter 57
Tab. 9: Bewertung mechanischer Bodenbelastungen 60
Tab. 10: Datenbedarf der Kenngrößen zur Beurteilung der Bodenverdichtung 61
Tab. 11: Datenbedarf zur Abschätzung horizontbezogener Bodenparameter 63
Tab. 12: Datenbedarf zur Abschätzung standortbezogener Bodenparameter 66
Tab. 13: Vergleich von Multiattribute und Multiobjective Decision Making 72
Tab. 14: Landnutzungsverteilung des Untersuchungsgebietes 90
Tab. 15: Statistische Auswertung der Stoffaustragsmodellierung 97
Tab. 16: Explizite flächenbezogene Nebenbedingungen der Nutzungsszenarien 103
Tab. 17: Ergebnisse der Landnutzungsoptimierung 105
Tab. A 1: Zuordnung der LUMASS-Nutzungscodes zu den Nutzungstypen für die Abschätzung der Grundwasserneubildung 134
Tab. A 2: Landnutzungsschlüssel 135
Tab. A 3: Hydrologische Bodentypen gemäß SCS-CN-Verfahren 138
Tab. A 4: SCS-CN-Werte für verschiedene Landnutzungen 138

1 Einführung

Als Lebensraum von Pflanzen, Tieren und Menschen erfüllen Landschaften vielfältige Funktionen. Insbesondere der Mensch, begründet durch seine Grunddaseinsfunktionen, stellt mannigfaltige und oft konkurrierende Nutzungsansprüche an die Landschaft. Das führt zu einem zunehmenden Eingriff des Menschen in seine natürliche, ökonomische und soziale Umwelt, dessen Auswirkungen auf die in ihr ablaufenden Prozesse immer schwieriger vorherzusehen sind (FÜRST & KIEMSTEDT 1997). Für das raumplanerische Handeln im Sinne einer querschnittsorientierten Planung heißt das, die aus den einzelnen Ansprüchen resultierenden Folgen menschlicher Nutzung bzw. Eingriffe zu bewerten und gegeneinander abzuwägen, mit dem Ziel, zuwiderlaufende Nutzungskonflikte zu lösen (FÜRST & KIEMSTEDT 1997).

Bewerten bedeutet dabei, die nutzungsabhängige Eignung von Flächen auf der Grundlage eines landschaftsspezifischen Wertesystems zu beurteilen (ZÖLLITZ-MÖLLER 2001). Die Entwicklung bzw. Operationalisierbarkeit solcher Wertesysteme oder Leitbilder ist Gegenstand aktueller landschaftsökologischer Forschung und derzeit noch nicht einvernehmlich gelöst (vgl. BOSSEL 1999; BASTIAN 1999; MOSIMANN 2001; LÖFFLER & STEINHARDT 2004). Für die Durchführung einer Landschaftsbewertung bedarf es neben dem Leitbild, das die gesellschaftlichen Ansprüche an die Landschaft repräsentiert (*Werte-Ebene*), auch einer naturwissenschaftlichen Grundlage (*Sach-Ebene*), die die Auswirkungen der Nutzungsansprüche auf das Ökosystem objektiv beschreibt. Das hier vorgestellte Landnutzungsmanagementsystem LUMASS integriert entsprechende Verfahren zur Abschätzung von Boden- und Gewässerbelastungen (vgl. Kapitel 1.1). Auf dieser Basis ist schließlich ein Soll-Ist-Vergleich, also die Bewertung im eigentlichen Sinne, durchführbar (BASTIAN 1999).

1.1 Problemstellung

Vor dem Hintergrund des einführend angedeuteten Planungskontexts, fokussiert die vorliegende Arbeit die naturwissenschaftliche Beschreibung flächenspezifischer Nutzungseignungen als Grundlage von Landschaftsbewertungen und die sich daran anschließende Problematik der *optimalen Landnutzungsverteilung* im Raum. Die konkrete Problemstellung leitet sich dabei aus drei zentralen Fragen ab, die sich im Rahmen eines Planungsprozesses ergeben:

Was wird bewertet?

Aufgrund der unüberschaubaren Komplexität landschaftlicher Ökosysteme ist die integrale Bewertung einer Landschaft unmöglich. Es bedarf deshalb konkreter inhaltlicher Vorgaben, welche Prozesse oder Funktionen einer Bewertung unterzogen werden sollen. Diese werden i. d. R. durch den Planungskontext und die Planungsebene bestimmt und in einer wachsenden Anzahl von Gesetzen und administrativen Regelungen (z. B. Naturschutzgesetze, UVP-Gesetz, Bundes-Bodenschutzgesetz, EG-Richtlinien, etc.) mehr oder weniger konkretisiert (vgl. FÜRST & KIEMSTEDT 1997; ZÖLLITZ-MÖLLER 2001; BARSCH 2005). So spricht das Bundes-Naturschutzgesetz z. B. von der dauerhaften Sicherung der „... *Leistungs- und Funktionsfähigkeit des Naturhaushalts...*" (BNatSchG § 1 Abs. 1). Das Gesetz über die Umweltverträglichkeitsprüfung (UVPG § 2 Abs. 2) fordert z. B. „... *die Ermittlung, Beschreibung und Bewertung der unmittelbaren und mittelbaren Auswirkungen eines Vorhabens auf ... Boden, Wasser, Luft, Klima und Landschaft...*". Das Bundes-Bodenschutzgesetz (BBodSchG § 17 Abs. 2) macht u. a. konkrete Angaben zu den „... *Grundsätze(n) der guten fachlichen Praxis der landwirtschaftlichen Bodennutzung...*", die neben Aspekten der Europäischen Wasserrahmenrichtlinie (2000/60/EG, EU-WRRL) im Mittelpunkt dieser Arbeit stehen (s. Kapitel 3.1).

Wie wird bewertet?

Neben dem *Was?* ist die Frage des *Wie?* von entscheidender Bedeutung. Die objektive Beschreibung bzw. Beurteilung landschaftshaushaltlicher Prozesse setzt Kenntnisse über deren grundlegende Funktionsweise und Mechanismen voraus. Damit geht die Frage des *Wie* im weitesten Sinne über den reinen planerisch-praktischen Kontext hinaus. Sie berührt vielmehr einen zentralen Inhalt wissenschaftlicher landschaftsökologischer Forschung, nämlich die kompartimentübergreifenden Zusammenhänge, Prozesse und Wirkungen im Landschaftsraum (MOSIMANN 1999). Das zeigt sich in einer Vielzahl aktueller Arbeiten; beispielhaft seien hier die Beiträge in GLAWION & ZEPP (2000) angeführt. Methodisch wird die Erfassung und Beschreibung komplexer Landschaftsökosysteme dabei durch ihre abstrahierte und vereinfachte Abbildung mit Hilfe von *ökologischen Modellen* vorgenommen (STEINHARDT 2005). Als wissenschaftliches Werkzeug dienen sie insgesamt dem Verständnis von Ökosystemeigenschaften (JØRGENSEN 1994); ihre Vorteile bzw. der Nutzen ihres Einsatzes werden von JØRGENSEN (1994, S. 9) wie folgt zusammengefasst:

- Modelle sind ein nützliches Instrument für die Erfassung komplexer Systeme,
- Modelle können zur Aufdeckung von Systemeigenschaften eingesetzt werden,
- Modelle offenbaren Wissenslücken und können deswegen zur Festlegung von Forschungsschwerpunkten verwendet werden,
- Modelle können zur Überprüfung wissenschaftlicher Hypothesen eingesetzt werden, indem simulierte Ökosystemreaktionen mit Beobachtungen verglichen werden.

Der Modellierungsansatz wird von LESER (1997, S. 75 f.) gar als Notwendigkeit erachtet und durch eine Reihe von Gründen untermauert. Im Rahmen dieser Arbeit ist dabei insbesondere seine Bedeutung für die „... *Simulation des Ökosystemverhaltens nach anthropogenen Steuerungseingriffen...*" und damit als „... *Arbeitsinstrument für Planung und Umweltmanagement (z. B. Entwicklung von Planungs- und Steue-*

rungsstrategien für umweltverändernde Nutzungen und Maßnahmen) ..." (LESER 1997, S. 76) hervorzuheben.

Bezogen auf die Ausgangsfrage nach dem *Wie?* ist also festzuhalten, dass mit Hilfe von landschaftshaushaltlichen Modellen die naturwissenschaftliche Grundlage (Sach-Ebene) für die Landschaftsbewertung gelegt werden kann. Für den rationellen Einsatz in der Planungspraxis ergibt sich allerdings das Problem, dass sie trotz ihrer Bedeutung bisher nur in geringem Maße Eingang in Geographische Informationssysteme (GIS) gefunden haben (DUTTMANN 1999a) und damit für eine effiziente Anwendung i. d. R. nicht zugänglich sind.

Wie werden Nutzungsansprüche optimal im Raum verteilt?

Auf den ersten Blick ist die Frage relativ leicht zu beantworten: Die einzelnen Nutzungen werden denjenigen Flächen zugeordnet, die für sie die beste Eignung, also die günstigste Bewertung aufweisen. Wie geht man aber vor, wenn zwei konkurrierende Nutzungsansprüche bei der gleichen Fläche die jeweils günstigste Bewertung aufweisen? Wie kommt man zu einer Entscheidung, wenn die Anzahl der möglichen Nutzungen steigt und zusätzliche Kriterien z. B. hinsichtlich vorgegebener Flächenanteile und des ökonomischen Nutzens berücksichtigt werden müssen? Es ist leicht vorstellbar, dass daraus eine schlecht oder unstrukturierbare Entscheidungssituation entstehen kann.

Vor allem in den Wirtschaftswissenschaften und der Operationsforschung aber auch in den Ingenieurswissenschaften werden vergleichbare Entscheidungsprobleme mit den mathematischen Methoden des *Multiobjective Decision Making* (MODM) bearbeitet (vgl. STEUER 1986; TERLAKY & ROOS 2002; COLLETTE & SIARRY 2003). Sie finden ebenfalls Anwendung im Rahmen von Planungsvorhaben, werden dort aber nur in begrenztem Umfang eingesetzt. Nach JANSSEN (1996, S. 155, leicht verändert) ist dies hauptsächlich auf (i) die Komplexität der Methoden, (ii) die unzureichende Ergebnispräsentation und (iii) die Schwierigkeiten beim direkten Einsatz der Methoden durch den Entscheidungsträger bzw. Planer zurückzuführen. Ein weiterer Grund ist die derzeit immer noch ungenügende Integration entsprechender Verfahren in gängige GIS-Systeme (vgl. GRABAUM 1996; EASTMAN 2003) (s. auch Kapitel 2). Die Bearbeitung raumbezogener Optimierungsprobleme erfordert daher immer noch eine meist umständliche, teils manuelle Konvertierung der jeweiligen Arbeitsergebnisse, um den Anforderungen an die spezifischen Datenstrukturen der beteiligten Systeme gerecht zu werden.

Fazit

„Planung und Landschaftsmangement wird in stärker vom Menschen veränderten Landschaften nicht einfacher, sondern schwieriger. Je mehr die Landschaft von natürlich entwickelten Kontrollmechanismen abgekoppelt wird (je naturfremder Systeme also funktionieren), desto wichtiger werden leistungsfähige Werkzeuge, mit denen Landschaften überwacht, analysiert, modelliert und nötigenfalls restauriert werden können." (WÜTHRICH, 2005, S. 11, mit Bezug auf ODUM, 1980)

Die Entwicklung neuer GIS-gestützter Methodiken und Werkzeuge im Rahmen der angedeuteten Problemfelder in Wissenschaft und Praxis, ist eine wichtige Aufgabe und Entwicklungsperspektive der angewandten landschaftsökologischen Forschung (MOSIMANN 1999). Die vorliegende Dissertation stellt sich dieser Herausforderung und rückt dabei die folgenden Themenfelder in den Mittelpunkt (MOSIMANN 1999, S. 21, verändert): (i) Die Einbindung bzw. Kopplung von Simulationsmodellen und GIS, (ii) die Entwicklung von Methoden zur Auffindung stoffliefernder Flächen und (iii) die Entwicklung von Methoden zur Generierung funktional optimaler Nutzungsmuster.

1.2 Zielsetzung und Aufbau der Arbeit

Das Ziel der vorliegenden Dissertation ist die Konzeption und Entwicklung eines *räumlichen Entscheidungsunterstützungssystems* als Werkzeug für die nachhaltige Landnutzungsplanung. Dabei stehen insbesondere Aspekte des Boden- und Gewässerschutzes gemäß Bundes-Bodenschutzgesetz und der Europäischen Wasserrahmenrichtlinie im Vordergrund (s. Kapitel 3.1).

Räumliche Entscheidungsunterstützungssysteme (Kapitel 2)

Die Bezeichnung „räumliches Entscheidungsunterstützungssystem" (Spatial Decision Support System, SDSS) wird in der einschlägigen Fachliteratur überwiegend unscharf gebraucht und ist nach Kenntnisstand des Autors derzeit noch nicht allgemein anerkannt definiert. Der erste Teil der Arbeit verfolgt deshalb das Ziel, anhand einer Stichprobe der unüberschaubaren Fülle an Literatur zu diesem Thema, unter besonderer Berücksichtigung neuerer Arbeiten, die Entwicklung dieser Systeme aufzuzeigen und Gemeinsamkeiten sowie charakteristische Merkmale herauszustellen bzw. abzuleiten.

Konzeption und Implementierung des Landmanagementsystems LUMASS (Kapitel 3)

Das Hauptziel der Arbeit ist die Konzeption und Entwicklung eines Landmanagementsystems, das den Anforderungen an räumliche Entscheidungsunterstützungssys-

Zielsetzung und Aufbau der Arbeit 5

teme genügt und Lösungsansätze für die am Ende des vorigen Kapitels genannten Forschungsfelder der angewandten Landschaftsökologie aufzeigt bzw. umsetzt. Es werden folgende Teilziele angestrebt:

- die enge Kopplung landschaftshaushaltlicher Modelle und Methoden mit einem Geographischen Informationssystem unter besonderer Berücksichtigung der Einsatzfähigkeit in der angewandten Forschungs- und Planungspraxis (Kapitel 3.4),

- die Entwicklung einer GIS-gestützten Methode zur automatisierten Lokalisierung und Abschätzung potenzieller oberirdischer Stoffausträge und der ihnen zugeordneten Liefergebiete (Einzugsgebiete) (Kapitel 3.4.1 u. 3.4.4),

- die enge Kopplung von Verfahren der mathematischen multikriteriellen Optimierung mit einem Geographischen Informationssystem, zur automatisierten Generierung und kartographischen Darstellung optimaler Landnutzungsmuster (Kapitel 3.5.2).

Anwendung und Ergebnisse (Kapitel 4)

Die Anwendung des hier vorgestellten Landmanagementsystems konzentriert sich auf die im Rahmen dieser Arbeit neu- bzw. weiterentwickelten funktionalen Komponenten der landschaftshaushaltlichen Modellierung und der Landnutzungsoptimierung. Im Rahmen der Modellierung oberirdischer Stoffausträge wird dabei der Einfluss unsicherer digitaler Geländehöhendaten auf die prognostizierten Austragsorte und -mengen mit Hilfe stochastischer Simulationen untersucht. Weiterhin werden mit LUMASS modellierte potenzielle Stoffaustragsstellen mit im Feld kartierten Übertritten verglichen und die Ergebnisse diskutiert.

Der Einsatz des Moduls Multibobjective Optimization wird am Beispiel der Optimierung des Landnutzungsmusters eines schleswig-holsteinischen Untersuchungsgebietes demonstriert. Dabei wird das Ziel verfolgt, den wasserbedingten Bodenabtrag und potenzielle Stoffausträge aus Ackerparzellen, durch eine optimale räumliche Anordnung vorgegebener Landnutzungen, auf ein Minimum zu reduzieren.

Fazit und Ausblick (Kapitel 5)

Im abschließenden Kapitel werden die zentralen Ergebnisse und Erkenntnisse aus der Arbeit zusammenfassend dargestellt und kritisch diskutiert. Die sich daraus ergebenden zukünftigen Entwicklungsmöglichkeiten und Forschungsaufgaben werden aufgezeigt.

2 Räumliche Entscheidungsunterstützungssysteme

Die Erfassung, Analyse und Präsentation von Geodaten ist im Rahmen räumlicher Planungen (z. B. Raumordnungsprogramme, Regionalpläne, Flächennutzungspläne) und Dienstleistungen (z. B. Agrarberatung) von entscheidender Bedeutung. Eine Aufgabe, die ohne den Einsatz Geographischer Informationssysteme (GIS) heutzutage undenkbar scheint. Die Mannigfaltigkeit der Planungsaufgaben und der damit einhergehende Bedarf an unterschiedlichsten analytischen Funktionen und Modellen korreliert dabei mit der Komplexität des Planungsgegenstandes – der Landschaft. Trotz der Fülle an leistungsfähigen Funktionen und Werkzeugen, die gängige GIS zur Verfügung stellen (vgl. MAGUIRE ET AL. 1993a; BURROUGH & MCDONNELL 1998; BILL 1999; BARTELME 2000), ist ihre Funktionalität vor diesem Hintergrund notwendigerweise begrenzt (s. Kapitel 2.1). Zur Realisierung umfangreicher und komplexer Planungsaufgaben werden GIS deshalb um zusätzliche Komponenten (s. Kapitel 2.2 und 2.3) zu raumbezogenen *Entscheidungsunterstützungssystemen* (Spatial Decision Support System, SDSS) erweitert (vgl. FEDRA & REITSMA 1990; CARVER 1991; DENSHAM 1993; JANKOWSKI 1995). Je nach Anwendungsfeld werden diese beispielsweise als *Landnutzungs-, Landschafts-* oder *Landmanagementsysteme* (LMS) (z. B. DUTTMANN & HERZIG 2002) oder auch als *umweltbezogene Entscheidungsunterstützungssysteme* (Environmental Decision Support System, EDSS) bezeichnet (z. B. REITSMA & CARRON 1997; VAN DER PERK ET AL. 2001).

Die Abgrenzung dieser Systeme zu herkömmlichen GIS, ihre strukturellen und funktionalen Merkmale sowie die aktuellen Entwicklungen in diesem Bereich, sind Gegenstand der folgenden Kapitel.

2.1 Von GIS zu räumlichen Entscheidungsunterstützungssystemen

Schaut man sich Definitionen von GIS oder deren Einsatzfelder in gängigen Lehrbüchern an, findet man immer wieder Begriffe wie *Planung, Management, Optimierung* oder *Decision Support* (DS) (MAGUIRE ET AL. 1993b; BILL 1999). COWEN (1988, S. 1554) bezeichnet GIS z. B. als

> „... *decision support system involving the integration of spatially referenced data in a problem solving environment.*"

Da nach FEDRA & REITSMA (1990) keine universell akzeptierte Definition des Begriffes *Entscheidungsunterstützungssystem* (Decision Support System, DSS) existiert, könnten darunter fast alle rechnergestützten Systeme subsummiert werden, die in der Lage sind, den Anwender in seiner Entscheidungsfindung zu unterstützen – z. B. Datenbankmanagementsysteme (DBMS), Simulationsmodelle, mathematische Optimierungsverfahren oder GIS. Die umfangreichen Forschungsarbeiten der letzten 15 Jahre auf diesem Gebiet zeigen allerdings, dass im Allgemeinen die Funktionalität eines SDSS deutlich über die eines GIS hinausgeht (z. B. SCHOLTEN & STILL-

Tab. 1: Ausgewählte Stationen der Pionierphase der GIS-Entwicklung

Jahr	System	Nation
1960er	Canadian Geographic Information System (CGIS)	Kanada
1966	Comprehensive Unified Land Data System (CULDATA)	USA
1970	Rural Land Use Information System (RLUIS)	GB
1973	Geographical Information Retrieval and Analysis System (GIRAS)	USA
1976	Minnesota Land Management Information System (MLMIS)	USA

Quelle: COPPOCK & RHIND 1993.

WELL 1990a; SMITH & JIANG 1993; JANSSEN 1996; YIALOURIS ET AL. 1997; THILL 1999; PULLAR 1999; JOERIN & MUSY 2000; ROBINSON ET AL. 2002; MARINONI 2005). Um die Besonderheiten und Unterschiede von SDSS gegenüber GIS herauszustellen, ist es notwendig, zunächst einen kurzen Blick auf die Entwicklung und Funktionaltiät von GIS selbst zu werfen. Eine ausführliche Darstellung der GIS-Entwicklung, auf die sich der nächste Abschnitt bezieht, findet sich bei COPPOCK & RHIND (1993).

GIS-Entwicklung

Eine wesentliche Triebfeder für die Entstehung der ersten GIS (s. Tabelle 1) in den 1960er und 1970er Jahren waren im weitesten Sinne Fragen des Landmanagements. Im Gegensatz zu aktuellen Forschungsfragen der Landschaftsmodellierung und -bewertung (z. B. DUTTMANN ET AL. 2005) stand damals die rein kartographische Erfassung und Darstellung von Landnutzung und -bedeckung sowie die Verteilung natürlicher Ressourcen im Vordergrund. Die Funktionalität dieser Systeme beschränkte sich deshalb, mit Ausnahme des Canadian Geographic Information System (CGIS), überwiegend auf die Darstellung und die Ausgabe von Karten. Das lag unter anderem daran, dass nur sehr wenig quantitative Daten verfügbar waren und dass kaum adäquate Methoden zu deren Verarbeitung vorlagen (BURROUGH & MCDONNELL 1998). Parallel zu den rasanten Fortschritten in der Computerhard- und Software, wie z. B. die Entwicklung relationaler Datenbankmangementsysteme (RDBMS) und den Entwicklungen im Bereich der räumlichen Datenanalyse, wie etwa den Overlay-Funktionen, erweiterte sich auch der Funktionsumfang von GIS erheblich. Zu Beginn der 1990er Jahre erreichten die Systeme einen Funktionsumfang, der dem heutiger GIS grundsätzlich sehr ähnlich ist (vgl. SCHOLTEN & STILLWELL 1990b): Datenein- und -ausgabe, Verwaltung der Geometrie- und Sachinformationen, Datenabfragen, einfache statistische Analysen, Distanz- und Flächenberechnungen, Adress-Matching, Netzwerkanalysen, Pufferzonengenerierung, etc.

Vor dem Hintergrund wachsenden Umfangs und zunehmender Komplexität räumlicher Planungsaufgaben (vgl. SCHALLER 1990; GEERTMAN & TOPPEN 1990), stiegen in dem gleichen Zeitraum aber auch die Ansprüche an die räumlich-analytischen Funktionen eines GIS. So fordert CLARKE (1990, S. 165) „... *the incorporation of more powerful, value adding, analytical techniques.*" OPENSHAW (1990, S. 154) konstatiert: „*Many people find that pattern analysis and description is not particularly useful in their search for process knowledge and causal understanding.*"

Ergänzung und Erweiterung von GIS

Ab Ende der 1980er Jahre werden ergänzend zur GIS-Anwendung verstärkt weitere Techniken und Methoden zur räumlichen Analyse und Bewertung eingesetzt. Diese sind hauptsächlich den Bereichen Mathematik/Statistik, Modellierung und Entscheidungsunterstützung (Decision Support, DS) zuzuordnen (vgl. Abbildung 1, S. 10).

Mathematik / Statistik. Die mathematischen und statistischen Methoden bilden dabei nicht nur für die Modellierung und Entscheidungsunterstützung eine fundamentale Grundlage, sondern auch für die Weiterentwicklung der analytischen GIS-Funktionalität. Ein gutes Beispiel ist die Theorie der unscharfen Mengen (Fuzzy Sets) von ZADEH (1965). Analytisch-explorative Anwendungen aus dem Bereich der Landschaftsbewertung und der Regionalisierung von Bodeneinheiten finden sich dazu z. B. bei GRABAUM & STEINHARDT (1998) und ZHU ET AL. (2001). JIANG & EASTMAN (2000) und LI ET AL. (2005) zeigen dagegen den Einsatz von Fuzzy Sets in Kombination mit Methoden der Entscheidungsunterstützung. Aber auch den zunehmend Beachtung findenden Problemen der Datenunsicherheiten bei der Modellierung von Geoobjekten wird mit Fuzzy Sets begegnet. MORRIS (2003) kombiniert z. B. in dem *Fuzzy Object Oriented Spatial Boundary and Layer System* (FOOSBALL) die Anwendung von Fuzzy Sets mit objektorientierten Datenbanken zur Speicherung, Verarbeitung und Darstellung unscharfer Geodaten.

Die Beurteilung von Auswirkungen unsicherer oder fehlerhafter Eingangsdaten auf Ergebnisse von GIS-Funktionen oder Modellanwendungen kann mit Hilfe klassischer statistischer und geostatistischer Verfahren vorgenommen werden. Eine ausführliche Betrachtung von Fehlerfortpflanzungen im Rahmen von GIS-Operationen findet sich bei HEUVELINK (1998). AERTS ET AL. (2003) zeigen mit Hilfe von Monte Carlo-Simulationen den Einfluss unsicherer Eingangsdaten auf das Ergebnis eines multikriteriellen Optimierungsverfahrens. Ähnliche Methoden finden auch bei der Entwicklung von Modellen Anwendung, um den Einfluss einzelner Faktoren eines Modells auf das Modellergebnis abschätzen zu können (Sensitivitätsanalyse) (z. B. EMMI & HORTON 1996; CROSETTO & TARANTOLA 2001).

Modellierung. Die Erweiterung der Methodenpalette von GIS im Bereich der räumlichen Datenanalyse und -verarbeitung wird vielfach durch die Kopplung oder Integration von Fachmodellen unterschiedlichster Art erreicht. Die Spanne der eingesetzten Modelle ist breit und reicht von empirischen bis zu physikalisch basierten

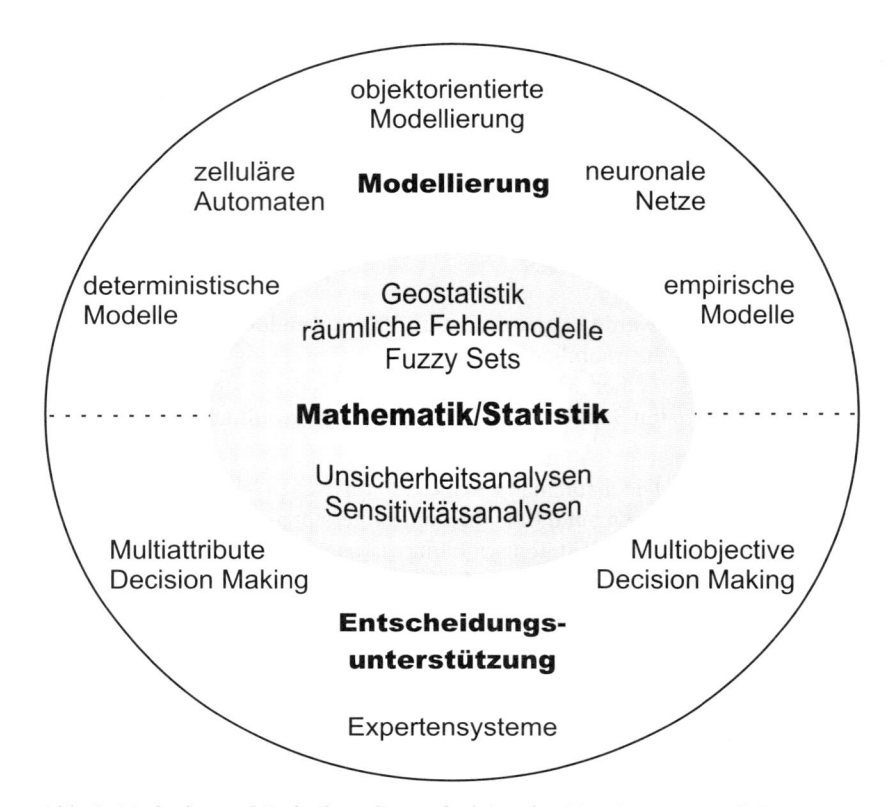

Abb. 1: Methoden und Techniken, die zur funktionalen Erweiterung von GIS eingesetzt werden.

Modellen, die häufig auch in Kombination miteinander eingesetzt werden (vgl. BRIMICOMBE & BARTLETT 1996; FRYSINGER ET AL. 1996; PULLAR 2003; GARCIA 2004). Zusätzlich finden auch Methoden der künstlichen Intelligenz, wie z. B. zelluläre Automaten (CLARKE & OLSEN 1996) oder neuronale Netze (LAM & PUPP 1996) Anwendung. Neben fachlich-inhaltlichen Aspekten werden auch methodisch-technische Gesichtspunkte, wie z. B. die Implementierung von Modellen oder die Kopplung mit GIS, thematisiert. WICKENKAMP ET AL. (1996), REITSMA & CARRON (1997) und FALL ET AL. (2001) zeigen z. B. die Anwendung objektorientierter Modellierungssoftware und -techniken zur Lösung raumbezogener Probleme. Mit der Entwicklung generischer Kopplungs- bzw. Integrationsstrategien von GIS und Modellen beschäftigen sich u. a. TAYLOR ET AL. (1999) und SENGUPTA & BENNETT (2003).

Decision Support. Für die Lösung komplexer, unstrukturierter räumlicher Entscheidungsprobleme (sog. *ill structured problems*), wie z. B. das Finden einer optimalen Landnutzungsverteilung unter Berücksichtigung verschiedener Kriterien und konkurrierender Zielvorstellungen (vgl. JANSSEN & RIETVELD 1990; GRABAUM & MEY-

ER 1997), werden GIS um Methoden der Entscheidungssunterstützung erweitert. Dies sind vor allem Verfahren des *Multi-Criteria Decision Making* (MCDM). Dabei werden sich z. T. widersprechende Ziele, z. B. Ertragsmaximierung bei gleichzeitiger Kostenminimierung, durch mathematische Funktionen (Zielfunktionen) repräsentiert. Die gleichzeitige Optimierung (Minimierung oder Maximierung) aller Zielfunktionen ergibt dann die optimale Lösung des Problems (s. Kapitel 3.5.1). Die Menge der zulässigen Lösungen kann dabei durch die Formulierung zusätzlicher Nebenbedingungen auf eine Menge von Alternativen begrenzt werden, die definierte Anforderungen hinsichtlich ihrer Attribute, Geometrie und/oder Topologie erfüllen. Beispiele für die Anwendung von MCDM in Kopplung mit GIS liefern u. a. TKACH & SIMONOVIC (1997); KEISLER & SUNDELL (1997); PULLAR (1999); KWAKU KYEM (2001); CHAKHAR & MARTEL (2003).

Neben den Methoden des MCDM werden auch Expertensysteme (Expert System, ES) zur Lösung komplexer räumlicher Entscheidungsprobleme eingesetzt (vgl. YIALOURIS ET AL. 1997; CLAYTON & WATERS 1999; ELDRANDALY ET AL. 2003; LÖWE 2004). Diese speichern problemspezifisches Expertenwissen in Form von „Wenn-dann-Regeln" und unterstützen auf dieser Grundlage mit Hilfe von Schlussfolgerungstechniken menschliche Entscheidungen (vgl. HOFFMANN 1998).

Weitere Entwicklungen

Mit dem Boom des Internets ab Mitte der 1990er Jahre, werden auch zunehmend internet-basierte räumliche Entscheidungsunterstützungssysteme (Web-based Spatial Decision Support System, WebSDSS) entwickelt. Die netzbasierte Implementierung dient dabei der Verbesserung

- der Erreichbarkeit und Verfügbarkeit von Geodaten,
- der Einbindung verteilter, an Entscheidungsprozessen beteiligter Gruppen und insbesondere
- der Beteiligung der Öffentlichkeit an Planungsprozessen.

(vgl. JANKOWSKI & STASIK 1997; CARVER 1999). Einen Überblick über die Entwicklung von WebSDSS und eine Gliederung der Systeme in (i) Server-side WebSDSS, (ii) Mixed Client- und Server-side WebSDSS und (iii) Client-side WebSDSS, beschreibt RINNER (2003).

Die Arbeiten von JANKOWSKI ET AL. (2001) und ANDRIENKO & ANDRIENKO (2001) dagegen zielen auf die Stärkung visueller Darstellungen (vor allem Karten) und Analysen im Rahmen von Entscheidungsprozessen. Dazu werden dynamische kartographische Darstellungen mit Methoden der explorativen Datenanaylse, z. B. *Data Mining*, und Methoden des MCDM miteinander kombiniert. Mit *GeoVISTA Studio* stellen TAKATSUKA & GAHEGAN (2001) eine visuelle Entwicklungsumgebung für raumbezogene lokale oder Internetanwendungen vor. Die Zusammenstellung und

Verknüpfung der funktionalen Programmkomponenten (JavaBeans™) erfolgt dabei nicht in Form von Quellcode im Texteditor, sondern visuell über eine objektorientierte graphische Benutzerschnittstelle. Im Mittelpunkt des Funktionsumfanges stehen die räumliche Analyse und die Visualisierung von Geodaten. DS-Techniken, wie sie oben beschrieben worden sind, fehlen bisher.

Spatial Decision Support Systems

Fasst man die in diesem Kapitel genannten Arbeiten zum Thema SDSS zusammen, wird deutlich, dass ein GIS alleine offenbar noch kein Entscheidungsunterstützungswerkzeug im eigentlichen Sinne darstellt. Erst die Erweiterung durch zusätzliche analytische Komponenten macht aus einem GIS ein SDSS (vgl. CHAKHAR & MARTEL 2003):

$$SDSS = GIS + x$$

Um welche der im vorigen Abschnitt genannten Komponenten (x) es sich dabei handelt und welche Eigenschaften und Anforderungen sowohl in funktionaler als auch struktureller Hinsicht erfüllt werden müssen, ist Thema der folgenden beiden Kapitel.

2.2 Funktionale Eigenschaften

Das 3-Phasenmodell der Entscheidungsunterstützung

Bei der Lösung von Entscheidungsproblemen sind nach WESSELS & WIERZBICKI (2000) drei Aspekte von zentraler Bedeutung: (i) Informationen über die Vergangenheit und die aktuelle Situation, (ii) Kenntnis der die Entscheidungssituation beeinflussenden Prozesse und der Wechselwirkungen zwischen Entscheidungen und Prozessen und (iii) der Entscheidungsvorgang an sich. Im Verlauf eines Entscheidungsfindungsprozesses wird diesen Aspekten im Rahmen verschiedener Phasen, die auf SIMON (1960) zurückgehen, Rechnung getragen (vgl. JANKOWSKI 1995; JANSSEN 1996; REITSMA & CARRON 1997; MALCZEWSKI 1999a,b; MAKOWSKI & WIERZBICKI 2000):

- Frühe Phase (*Intelligence*). Die frühe Phase ist die Phase der Problemdefinition und Vorerkundung. Hier erfolgt zunächst die Identifizierung und genaue Abgrenzung des Entscheidungsproblems. Darauf aufbauend werden dann die zur Analyse und Bewertung des Problems heranzuziehenden Kriterien festgelegt. Anschließend werden die Modelle und Methoden ausgewählt, die zur Evaluierung der Kriterien eingesetzt werden sollen. Abschließend werden alle problemrelevanten und verfügbaren Daten gesammelt, aufbereitet und ausgewertet.

Funktionale Eigenschaften 13

- Mittlere Phase (*Design*). In der mittleren Phase werden die Entscheidungsalternativen generiert und modellgestützt bewertet. Die die Entscheidungssituation beeinflussenden Prozesse werden mit Hilfe der gewählten Modelle und Methoden analysiert und liefern damit die Grundlage für die Entwicklung der Entscheidungsalternativen. Diese werden abschließend ebenfalls unter Anwendung der Modelle anhand der zu berücksichtigenden Kriterien bewertet.
- Späte Phase (*Choice*). Die letzte Phase ist die der Entscheidung und beinhaltet die Auswahl der unter den gegebenen Bedingungen und Zielvorstellungen optimalen Alternative.

Die Aufgabe eines Entscheidungsunterstützungssystems ist es, den Anwender nach Möglichkeit in jeder der drei genannten Phasen mit geeigneten Werkzeugen und Funktionen zu unterstützen (WESSELS & WIERZBICKI 2000). Für die Implementierung räumlicher Entscheidungsunterstützung (Spatial Decision Support, SDS) werden dafür Methoden der Geographischen Informationsverarbeitung (GIV), der Entscheidungsunterstützung (DS) und der Modellierung miteinander kombiniert (vgl. FEDRA & REITSMA 1990; JANKOWSKI 1995; FEDRA 1996; DJOKIC 1996; MALCZEWSKI 1999a; DENZER 2002:

$$SDS = GIV + Modellierung + DS$$

Da es sich bei DS-Methoden letztlich auch um Modelle handelt, können im Rahmen eines Entscheidungsprozesses zwei Typen von Modellen unterschieden werden (WESSELS & WIERZBICKI 2000, S. 16 f.):

- *Substantive Models* (Prozessmodelle)
- *Preferential Models* (Auswahlmodelle)

Erstere, die hier als *Prozessmodelle* bezeichnet werden sollen, beschreiben für die Entscheidungssituation wesentliche Vorgänge der Realität. Sie dienen hauptsächlich der Analyse der Beziehungen und Wechselwirkungen zwischen den räumlichen Prozessen und den Entscheidungen bzw. Handlungen. Die in der vorliegenden Arbeit implementierten Prozessmodelle werden in Kapitel 3.4 behandelt. Die hier als *Auswahlmodelle* bezeichneten *Preferential Models* bilden dagegen den eigentlichen Auswahl- bzw. Optimierungsvorgang ab und zielen auf die Indentifizierung der optimalen Lösung für das Entscheidungsproblem. Informationen zu den in dieser Arbeit eingesetzten Auswahlmodellen enthält Kapitel 3.5.2.

Die GIS-Funktionen kommen, aufgrund der räumlichen Dimension des Problems, naturgemäß in jeder der drei Planungsphasen zum Einsatz, wobei ihnen in der frühen und mittleren Phase eine zentrale Stellung zukommt. In der frühen Phase geht es dabei hauptsächlich um das Aufdecken räumlicher Zusammenhänge und um die Identifizierung der raumbezogenen Prozesse, die die Entscheidungssituation maßgeblich beeinflussen. Hierfür bieten gängige GIS-Funktionen, wie die Visualisierung raumbezogener Daten in Form von Karten oder weiterführende Funktionen der räumlichen

Datenanalyse, z. B. Buffer- und Overlay-Funktionen, eine wertvolle Grundlage. Aber auch der Einsatz von Prozessmodellen kann bereits in der frühen Phase zur Identifizierung des Problems sinnvoll sein. Erhöhte Bedeutung kommt ihnen dann während der mittleren Planungsphase zu, wo sie in Kombination mit GIS zur räumlich differenzierten Analyse und Bewertung der die Entscheidungsfindung beeinflussenden Prozesse eingesetzt werden. Neben den Prozessmodellen kommen hier, z. b. bei der Erarbeitung und Bewertung der Planungsvarianten bzw. -alternativen, z. T. auch Auswahlmodelle (MCDM, ES) zum Einsatz. Diese bilden in der späten Phase bei der Auswahl der optimalen Lösung unter den gegebenen Alternativen den methodischen Schwerpunkt. GIS-Funktionen spielen in dieser Phase meist eine untergeordnete Rolle und werden hauptsächlich für die Visualisierung der Ergebnisse oder zur Datenverwaltung eingesetzt.

Funktionale Anforderungen an SDSS

DENSHAM (1993) stellt aufbauend auf GEOFFRION (1983) eine Liste charakteristischer Funktionen und Eigenschaften vor, die ein SDSS mindestens aufweisen sollte. Abbildung 2 zeigt eine Übersicht dazu und ordnet die Funktionen und Eigenschaften den oben beschriebenen Entscheidungsphasen zu. Neben typischen GIS-Funktionalitäten, die hier nicht näher erläutert werden sollen, sind dies natürlich klassische Funktionen und Merkmale herkömmlicher (nichträumlicher) Entscheidungsunterstützungssysteme, die im Folgenden kurz beschrieben werden.

Eine zentrale Eigenschaft von SDSS stellt die Möglichkeit dar, den Entscheidungsprozess interaktiv und iterativ zu gestalten. Das bedeutet, dass der Anwender in die Lage versetzt wird, z. B. durch die Veränderung von Modelleingangsparametern (Szenarien) oder durch die Festlegung von Gewichtungsfaktoren hinsichtlich bestimmter Bewertungskriterien oder durch die Vorauswahl räumlicher Alternativen, die Menge der zulässigen Lösungen aktiv zu beeinflussen. Iterativ bedeutet in diesem Zusammenhang, dass der Anwender die Abfolge der Arbeitsschritte individuell und problemspezifisch festlegen kann. Es besteht also die Möglichkeit zu jedem Zeitpunkt im Entscheidungsprozess zu einem vorangegangenen Arbeitsschritt zurückzukehren, um diesen mit veränderten Parametern erneut zu durchlaufen. Auf diese Weise können z. B. unzulässige Entscheidungsalternativen ausfindig gemacht und vom eigentlichen Auswahlprozess von vornherein ausgeschlossen werden.

Eine weitere wichtige Eigenschaft ist die Möglichkeit, Daten und Modelle möglichst flexibel miteinander kombinieren zu können. Es sollte also z. B. möglich sein, die in das System eingepflegten Grundlagendaten ohne großen Aufwand mit Hilfe unterschiedlicher Prozessmodelle analysieren zu können. Aufgrund der i. d. R. sehr unterschiedlichen Datenanforderungen von Prozessmodellen und möglichen Skalenproblemen, ist diese Anforderung zwar nur bedingt umsetzbar, in gewissen Grenzen aber sicherlich zu erfüllen (vgl. Kapitel 3.3 u. 3.4). Die Implementierung unterschiedlicher Auswahlmodelle ist vor diesem Hintergrund vergleichsweise unproblematisch, da die

Funktionale Eigenschaften 15

```
┌─────────────────────┐                              ┌─────────────────────┐
│ Werkzeuge zur Einga-│         Geographisches       │ Graphische und karto-│
│ be und Bearbeitung  │         Informations-        │ graphische Darstellung│
│ räumlicher Daten    │                              │ der Ergebnisse      │
└─────────────────────┘            SYSTEM            └─────────────────────┘
┌─────────────────────┐         Modell               ┌─────────────────────┐
│ Visualisierung räum-│         Unterstützungs-      │ Funktionen zur räum-│
│ licher Beziehungen  │         Entscheidungs-       │ lichen Datenanalyse │
│ und Strukturen      │                              │ und Statistik       │
└─────────────────────┘                              └─────────────────────┘
┌─────────────────────┐                              ┌─────────────────────┐
│ Einfache und leis-  │                              │ Generierung räum-   │
│ tungsfähige Benut-  │                              │ licher Alternativen;│
│ zerschnittstelle    │                              │ Szenarioanalysen    │
└─────────────────────┘                              └─────────────────────┘
┌─────────────────────┐                              ┌─────────────────────┐
│ Flexible Kombination│                              │ Interaktive und     │
│ von Modellen und    │                              │ iterative Problemlösung│
│ Daten               │  Auswahl verschiedener       └─────────────────────┘
└─────────────────────┘  Entscheidungsunter-
                         stützungsmethoden
```

Haupteinsatzfelder im Rahmen eines Entscheidungsunterstützungs-
prozesses:

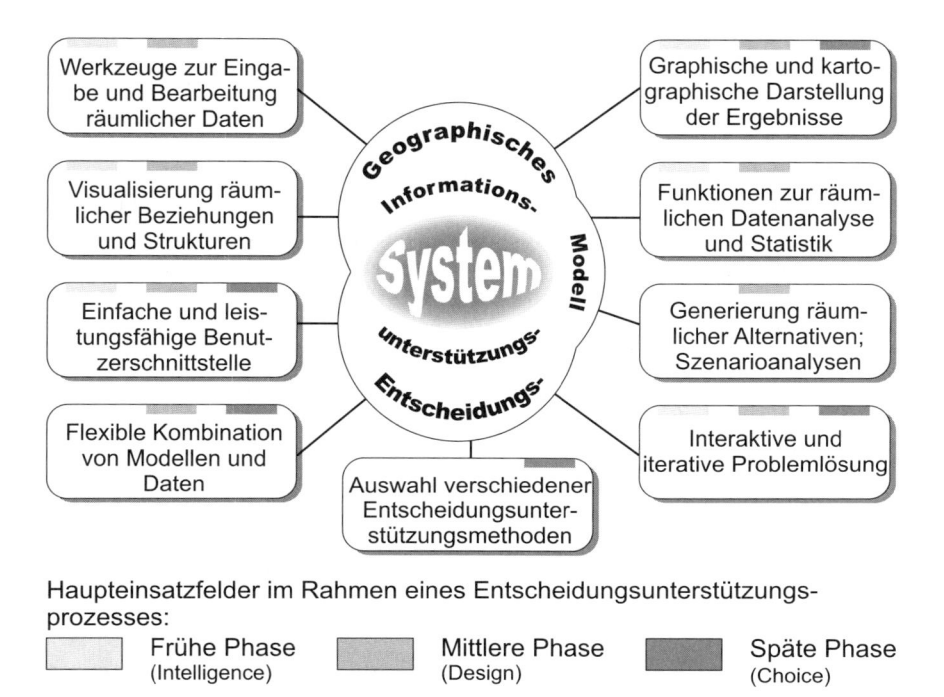

▢ Frühe Phase ▢ Mittlere Phase ▢ Späte Phase
(Intelligence)   (Design)   (Choice)

Abb. 2: Funktionale SDSS-Komponenten und ihre Haupteinsatzfelder im Rahmen von Entscheidungsprozessen.
Quelle: GEOFFRION 1983; DENSHAM 1993; MALCZEWSKI 1999a; MAKOWSKI & WIERZBICKI 2000.

benötigten Ausgangsdaten, also die anhand der Kriterien bewerteten räumlichen Alternativen, einheitlich und konsistent im GIS gespeichert werden können. Auf diese Weise ist es dem Anwender beispielsweise möglich, die Anzahl der zu berücksichtigenden Ziele oder Kriterien zu variieren, um so einen Überblick über verschiedene, optimale Lösungen zu erhalten (vgl. Kapitel 3.5.2).

Von umfassender Bedeutung ist die Forderung nach einer einfach zu bedienenden und leistungsfähigen Benutzerschnittstelle. Sie sollte dem Anwender einen möglichst intuitiven Zugang zu allen Funktionen des Systems ermöglichen. Im Mittelpunkt steht dabei die Verwaltung der Datengrundlagen und die Anwendung der implementierten Modelle. Die Benutzeroberfläche ist das zentrale Element eines SDSS. Sie bestimmt die Flexibilität der Abfolge der einzelnen Arbeitsschritte und diejenige, mit der Daten und Modelle kombiniert werden können. Weiterhin ist sie dafür verantwortlich, die Eingaben und Einstellungen des Nutzers zu überwachen und zu prüfen, um so die Wahrscheinlichkeit unsinniger und falscher Anwendungen zu minimieren. Eine ganz wesentliche Rolle spielt die Benutzeroberfläche bei der Unterstützung des Erkenntnisgewinns des Anwenders, wobei dabei die verschiedenen, aber vor allem graphischen und kartographischen Darstellungsmöglichkeiten der Analyse- bzw. Optimierungsergebnisse im Vordergrund stehen.

Aktueller Stand der Forschung

In der Literatur werden eine Fülle von Systemen beschrieben, die als Spatial Decision Support System bezeichnet werden. Vor dem Hintergrund der bei DENSHAM (1993) beschriebenen Charakteristika eines SDSS, trifft diese Bezeichnung streng genommen allerdings nicht auf alle diese Systeme zu. So existieren eine Reihe von Arbeiten, die maximal zwei der drei oben beschriebenen funktionalen Komponenten (GIS, Modellierung, DS) bereitstellen. Beispiele für die Integration bzw. Kopplung von GIS und Prozessmodellen liefern z. B. FRYSINGER ET AL. (1996); BRIMICOMBE & BARTLETT (1996); CLARKE & OLSEN (1996); WICKENKAMP ET AL. (1996); VAN DER PERK ET AL. (2001); PULLAR (2003); GARCIA (2004); JONES & TAYLOR (2004) . Die Kombination von GIS und DS findet sich u. a. bei SMITH & JIANG (1993); KELLER & STRAPP (1996); TKACH & SIMONOVIC (1997); YIALOURIS ET AL. (1997); KEISLER & SUNDELL (1997); PULLAR (1999); CLAYTON & WATERS (1999); JIANG & EASTMAN (2000); KWAKU KYEM (2001); ROBINSON ET AL. (2002); AERTS & HEUVELINK (2002); CHAKHAR & MARTEL (2003); LÖWE (2004); MARINONI (2005). Eine geringere Anzahl an Arbeiten beschreiben dagegen Funktionalitäten aller drei Komponenten (vgl. LAM & PUPP 1996; MACDONALD & FABER 1999; JOERIN & MUSY 2000; OSTFELD ET AL. 2001; MENDOZA ET AL. 2002a,b; OCHOLA & KERKIDES 2003; ELDRANDALY ET AL. 2003; TOURINO ET AL. 2003; LI ET AL. 2005). Aber auch diese Systeme werden nicht alle den genannten Anforderungen gerecht. Die vollständige Erfüllung der beschriebenen funktionalen Kriterien erfordert zusätzlich bestimmte Anforderungen an die technische Umsetzung der Systeme (s. Kapitel 2.3), die wesentlichen Einfluss auf den Arbeitsablauf und die Bedienbarkeit nehmen.

Auffällig ist, dass fast alle zitierten Arbeiten zu SDSS problemspezifische Systeme beschreiben, d. h. Systeme, die nur für eine ganz spezielle Fragestellung zum Einsatz kommen und auf andere Fragestellungen nur unter Verzicht auf bestimmte analytische Fähigkeiten übertragbar sind. Das liegt daran, dass sich zwar GIS- und DS-Funktionen problemneutral implementieren lassen, nicht aber Prozessmodelle. So existiert derzeit kein universelles Prozessmodell zur skalenunabhängigen Beschreibung, Analyse und Bewertung raumbezogener Phänomene. Selbst bei dem Einsatz integrierter Modellierungssprachen oder gekoppelter Modellierungsumgebungen, obliegt es immer dem Anwender, die problemspezifische Logik des Modells zu implementieren. Letztlich bedeutet das, dass keine generischen SDSS existieren oder entwickelt werden können, solange kein generisches räumliches Prozessmodell existiert.

2.3 Strukturelle Eigenschaften

Für die Implementierung räumlicher Entscheidungsunterstützungssysteme gibt es prinzipiell drei verschiedene Vorgehensweisen (vgl. DJOKIC 1996, ergänzt):

- Neuentwicklung: Programmierung aller Systemkomponenten von Grund auf,
- Kopplung: Verknüpfung bzw. Integration bestehender Komponenten,
- Kombination aus Kopplung und Neuentwicklung.

Die vollständige Neuentwicklung ist dabei zwar die flexibelste, gleichzeitig aber auch die aufwendigste der drei Varianten und wird in der Literatur nur selten beschrieben (z. B. LAM & PUPP 1996). Viel ökonomischer ist dagegen die Kopplung bereits bestehender Softwarekomponenten. Aufwendige Eigenentwicklungen können dadurch auf ein Minimum reduziert werden. Die Komponenten, die dabei zum Einsatz kommen, ergeben sich zwangsläufig aus der benötigten Funktionalität des Systems (vgl. Kapitel 2.2, S. 13, DENZER, 2002, S. 54):

- Eigenständige Modelle oder Modellierungsumgebungen (Modell),
- Geographisches Informationssystem (GIS),
- Entscheidungsunterstützungssystem bzw. -komponente (DSS),
- Datenbank (DB).

Das Problem dieses Ansatzes ist die Realisierung der Kommunikation bzw. des Datenaustauschs der einzelnen Komponenten untereinander (vgl. JOHNSTON 1990; DJOKIC 1996; REITSMA & CARRON 1997; UNGERER & GOODCHILD 2002; DENZER 2002; ELDRANDALY ET AL. 2003). Dieser kann prinzipiell auf unterschiedliche Art und Weise realisiert werden und hängt von den Schnittstellen ab, die die verwendeten Komponenten zur Verfügung stellen. Der sich daraus ergebende Grad der Integration unterschiedlicher Komponenten wird in der Literatur überwiegend in drei verschiedene Kategorien eingeteilt, die im Folgenden kurz charakterisiert werden sollen. Eine ausführlichere Darstellung zu diesem Thema findet sich z. B. bei JANKOWSKI (1995); FEDRA (1996); UNGERER & GOODCHILD (2002); LAUSCH (2003).

- Lose Kopplung (*loose coupling*). Bei der losen Kopplung werden eigenständige Programme, die alle einen eigenen Prozessbereich beanspruchen, miteinander verknüpft. Der Datenaustausch erfolgt über bestimmte Dateiformate (z. B. ASCII), die von den jeweils kommunizierenden Anwendungen unterstützt werden. Aus Sicht des Anwenders werden eigenständige Programme eingesetzt, wobei die Ergebnisse des einen die Eingangsdaten des anderen darstellen. Der Anwender ist für den korrekten Ex- bzw. Import der Daten verantwortlich.

Abb. 3: Strukturelle SDSS-Komponenten und Integrationsmöglichkeiten

- Spatial Decision Support System: UI GIS DB + UI Modell DB + UI DS DB — lose Kopplung
- Spatial Decision Support System: UI GIS + Modell DB + UI DS DB — partielle Integration
- Spatial Decision Support System: UI GIS + DS DB + UI Modell DB — partielle Integration
- Spatial Decision Support System: UI GIS + Modell + DS DB — vollständige Integration

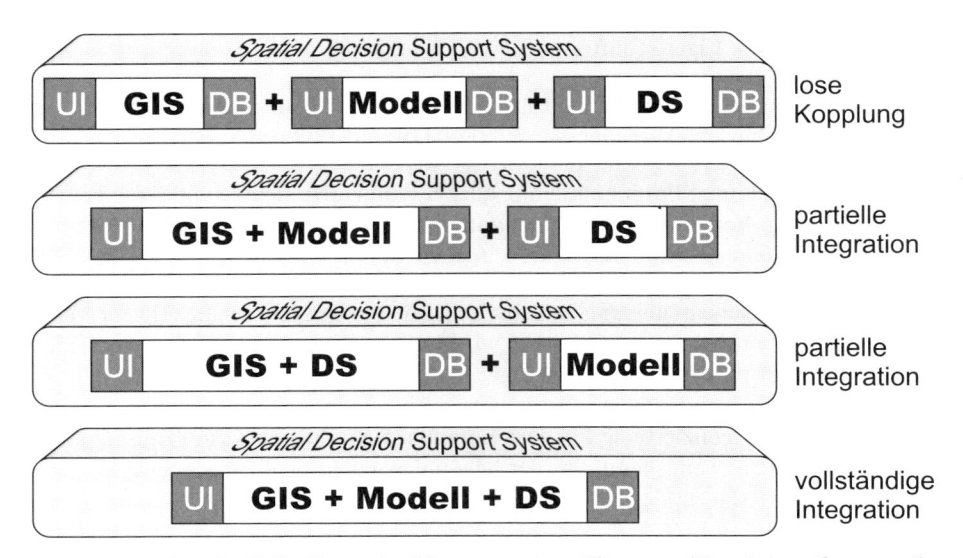

DB: Datenbank; DS: Entscheidungsunterstützung (Decision Support); GIS: Geographisches Informationssystem; UI: Benutzerschnittstelle (User Interface)

- Enge Kopplung (*tight* bzw. *deep coupling*). Die enge Kopplung zeichnet sich gegenüber der losen dadurch aus, dass der Datenaustausch zwischen den beteiligten Komponenten automatisiert, ohne Zutun des Anwenders, vollzogen wird. Dabei werden analog zur losen Kopplung entweder eigenständige Anwendungen mit eigenem Prozessbereich oder Softwarekomponenten bzw. -bibliotheken (z. B. DLL's), die in den Prozessbereich der aufrufenden Anwendung eingebunden werden, eingesetzt. Eine prozessübergreifende Kommunikation kann z. B. über die DDE- (Dynamic Data Exchange) oder COM-Schnittstelle (Component Object Model) realisiert werden. Für den Anwender hat die enge Kopplung den Vorteil, dass alle Funktionen von einer einheitlichen Benutzerschnittstelle aus aufgerufen werden und dass die Daten i. d. R. in einer gemeinsamen Datenbank gespeichert werden können.

- Einbettung (*embedded coupling*). Bei dieser Variante kann man eigentlich nur noch unter funktionalen Gesichtspunkten von Kopplung sprechen, da die benötigte Funktionalität von einer einzigen Anwendung bereitgestellt wird. Die Anpassung an unterschiedliche Fragestellungen kann über die Nutzung einer integrierten Programmierschnittstelle (API) oder einer Makro- oder Modellierungssprache vorgenommen werden. Der Anwender arbeitet mit einer einzigen Anwendung und speichert sämtliche Daten in einer einzigen Datenbank. Die Notwendigkeit des Datenaustausches bzw. der -konvertierungen entfällt vollständig.

Fazit

Unter Berücksichtigung der in Kapitel 2.2 genannten funktionalen Anforderungen an SDSS kommen für deren Implementierung aus technischer Sicht damit nur die Varianten „Enge Kopplung" und „Einbettung" in Frage. Denn nur sie bieten die Möglichkeit einer einheitlichen Benutzeroberfläche über die auf alle Komponenten zugegriffen werden kann. Zusätzlich erleichtern diese Ansätze die flexible Kombinationsmöglichkeit von Daten und Modellen und die interaktive und iterative Problemlösung aus der Sicht des Anwenders.

Die Entwicklung eines SDSS, das sowohl den beschriebenen funktionalen als auch den strukturellen Kriterien genügt, setzt also zum einen die Integration von GIS-, DS- und Modellkomponenten voraus und verlangt zum anderen, dass diese Komponenten entweder eng an das System gekoppelt oder vollständig in dieses eingebettet werden. Die in Kapitel 2.2, S. 16, zitierten Arbeiten erfüllen diese Kriterien nur zum Teil. Abbildung 3 veranschaulicht die in der Literatur beschriebenen Ansätze hinsichtlich der Integration der einzelnen Komponenten. Soweit eine genaue Beurteilung nur auf der Grundlage der genannten Aufsätze überhaupt möglich ist, werden die weitreichenden Anforderungen an die Systeme weitestgehend nur in geringer Zahl erfüllt (vgl. LAM & PUPP 1996; MACDONALD & FABER 1999; TOURINO ET AL. 2003; OCHOLA & KERKIDES 2003; ELDRANDALY ET AL. 2003; LI ET AL. 2005). Eine wesentliche Hürde für den Aufbau „vollwertiger" Systeme sind dabei mit Sicherheit die technischen Schwierigkeiten, die es bei der Integration der unterschiedlichen Komponenten zu lösen gilt. Dies liegt unter anderem auch daran, dass erst in jüngerer Zeit entsprechende Techniken, wie z. B. komponentenbasierte Softwareentwicklung (z. B. COM, CORBA®, JavaBeans™), auf den Markt gekommen sind (vgl. DENZER 2002).

2.4 Fazit

Geographische Informationssysteme sind ein wichtiges Werkzeug im Rahmen räumlicher Planungen bzw. Entscheidungsfindungen. Ihre Funktionen zur Verarbeitung und Visualisierung räumlicher Daten leisten wertvolle Hilfe bei der Erkennung räumlicher Muster und Strukturen. Die Analyse problemspezifischer räumlicher Prozesse und Zusammenhänge sowie die intelligente Unterstützung bei der Suche nach optimalen Lösungen, überschreiten jedoch ihre Fähigkeiten (vgl. Kapitel 2.1). Deshalb werden GIS um zusätzliche Komponenten für die Modellierung räumlicher Prozesse und für die Entscheidungsunterstützung zu sog. Spatial Decision Support Systems erweitert. Für den Aufbau solcher Systeme nennen GEOFFRION (1983) und DENSHAM (1993) konkrete funktionale Kriterien (vgl. Kapitel 2.2), die ihrerseits wiederum bestimmte Anforderungen an den strukturellen Aufbau von SDSS stellen (vgl. Kapitel 2.3). Daraus ergibt sich, dass SDSS eine Synthese aus den folgenden, eng miteinander gekoppelten oder eingebetteten Komponenten bzw. Systemen darstellen: (i) Geographisches Informationssystem, (ii) Prozessmodelle, (iii) Entscheidungsunterstützungssystem. Zusammenfassend lässt sich folgende Definition für SDSS ableiten:

Räumliche Entscheidungsunterstützungssysteme (Spatial Decision Support Systems) sind Computerprogramme zur Unterstützung der Entscheidungsfindung in komplexen räumlichen Planungsprozessen. Sie bestehen aus eng miteinander gekoppelten oder voll integrierten Systemen bzw. Komponenten der Geographischen Informationsverarbeitung, der Modellierung räumlicher Prozesse sowie der Entscheidungsunterstützung.

Die Literatur zeigt, dass derzeit nur wenige Systeme existieren, die in der Lage sind die genannten Anforderungen zu erfüllen. Hierfür sind hauptsächlich die technischen Schwierigkeiten und Anforderungen, die sich bei der Integration der einzelnen Komponenten ergeben (DENZER 2002), verantwortlich. Ein Übriges tut der Umstand, dass SDSS derzeit nicht auf beliebige räumliche Probleme übertragbar sind, sondern aufgrund der i. d. R. sehr komplexen und spezifischen Fragestellungen, unter Nutzung des vollen Funktionsumfangs, nur begrenzt einsetzbar sind. Die aufwendige Implementierung solcher Systeme erfolgt deshalb zumeist nur auf der Ebene prototypischer Umsetzungen, die im Rahmen größerer Planungsvorhaben oder Forschungsarbeiten durchgeführt und angewendet werden.

3 Konzeption und Implementierung von LUMASS

LUMASS ist ein räumliches Entscheidungsunterstützungssystem, das für den Einsatz im Boden- und Gewässerschutz konzipiert worden ist. Es orientiert sich inhaltlich am Bundes-Bodenschutzgesetz und der Europäischen Wasserrahmenrichtlinie. Die implementierten Modelle dienen dabei hauptsächlich der Analyse und Bewertung des Einflusses von Landnutzung, Bewirtschaftung und Landnutzungsverteilung auf die Belastung des Landschaftshaushaltes in der topischen und unteren chorischen Dimension. Über eine übersichtliche Benutzeroberfläche können im Rahmen der verwendeten Modelle landschaftshaushaltliche Parameter sowie strukturelle Elemente der Landschaft (Grünstreifen, Schlaggrenzen, Gräben, etc.) für die Bewertung und den Vergleich unterschiedlicher Szenarien bzw. Planungsalternativen variiert werden. Mit Hilfe der integrierten Verfahren zur Entscheidungsunterstützung kann schließlich auf der Grundlage der durchgeführten Bewertungen, weiterer Kriterien und zusätzlicher Nebenbedingungen eine optimale Landnutzungsverteilung auf Schlagebene generiert werden.LUMASS kann deshalb als Landnutzungsmanagementsystem bezeichnet werden. Der Name ist ein Akronym, das sich aus der englischsprachigen Bezeichnung *Land Use Management Support System* ableitet. Die Implementierung des Systems und seine funktionalen sowie strukturellen Komponenten sind Inhalt der folgenden Kapitel.

3.1 Funktionale Systemkomponenten

Als räumliches Entscheidungsunterstützungssystem stellt LUMASS die gemäß Kapitel 2.2 notwendigen Funktionalitäten aus den Bereichen Geographische Informationsverarbeitung (GIV), Modellierung und Entscheidungsunterstützung (DS) zur Verfügung (s. Tabelle 2 u. 3), die in den folgenden Abschnitten kurz charakterisiert werden. Detaillierte Informationen zu den einzelnen Funktionen der Komponenten werden im Zusammenhang mit ihrer Implementierung in Kapitel 3.4 u. 3.5.2 gegeben.

Tab. 2: Funktionale Systemkomponenten von LUMASS – GIV & DS

Komponente	Funktion	Ergebnis / Zielgröße
GIV	Datenein- u. ausgabe; räumliche Analysen; Visualisierung; etc.	Karten, Tabellen, Diagramme
DS	Vektoroptimierung: gewichtete Summe von Zielfunktionen; Zielfunktion mit Nebenbedingungen	optimale räumliche Verteilung definierter Optionen(hier: Landnutzungsoptionen)

Tab. 3: Funktionale Systemkomponenten von LUMASS – Modellierung

Komponente	Funktion	Ergebnis / Zielgröße
Modellierung (Analyse und Bewertung landschaftshaushaltlicher Belastungen)	Reliefparameter	Größe des EZG je Rasterzelle [m^2]; Abgrenzung des EZG einer Rasterzelle; Hangneigung [Grad, Prozent, dim.-los]; Hangneigungsrichtung [Grad]
	SCS Curve Number	Direktabfluss je Schlag [mm]; Abflussbeiwert je Schlag; kaskadierter Direktabfluss [mm]
	oberirdische Stofftransporte	Sedimentaustrag [t/a]; Phosphoraustrag [g/a]
	wasserbedingter Bodenabtrag	RUSLE-LS-Faktor; ABAG-C- u. K-Faktor; Bodenabtrag [t/(ha*a)]
	Bodenwasserhaushalt	Grundwasserneubildung [mm/a]; jährliche Austauschhäufigkeit [%]; Nitratkonzentration im Sickerwasser [mg/l]
	Bodenverdichtung	Druckfortpflanzung im Profil; vorgeg. mechan. Belastbarkeit [Flächen-%]
	bodenkundliche Parameter	effektive Durchwurzelungstiefe [dm]; Durchlässigkeitsklasse nach ABAG; nutzbare Feldkapazität (nFK) [mm]; nutzbare Feldkapazität des effektiven Wurzelraumes (nFKWe) [mm]; Luftkapazität [mm]; Totwasser [mm]; mittlere kapillare Aufstiegsrate [mm/d]; gesättigte Wasserleitfähigkeit [cm/d]; mechanische Belastbarkeit nach der Vorbelastung [kPa, Klasse]

Modellierung

Mit Blick auf die praktische Einsatzfähigkeit und Übertragbarkeit auf andere Untersuchungsräume, implementiert LUMASS nur solche Verfahren und Methoden (vgl. DUTTMANN & HERZIG 2002, S. 441),

- die minimale Anforderungen an den Umfang der benötigten Eingangsdaten stellen,
- deren Eingangsgrößen im Allgemeinen flächenhaft gut verfügbar sind (z. B. raumbezogene Daten aus den Boden- und Umweltinformationssystemen der Bundesländer, topographische Daten und Geländehöhenmodelle der Landesvermessungsverwaltungen) oder mit vergleichsweise geringem Aufwand erfasst werden können,
- die eine hinreichend genaue Aussage in Bezug auf den Bewertungsgegenstand ermöglichen, wobei keine exakte Quantifizierung angestrebt wird, sondern die Abschätzung und räumlich differenzierte Abbildung von Größenordnungen der betrachteten landschaftshaushaltlichen Funktionen und Belastungen,
- die eine Langfristaussage ermöglichen und auf der Grundlage langjähriger Mittelwerte operieren,
- die in der Anwendung erprobt sind und sich durch ein Maximum an Transparenz auszeichnen und
- die in Geographische Informationssysteme integriert oder an diese gekoppelt werden können.

Die inhaltliche Auswahl der eingesetzten Modelle zur Erfassung und Beschreibung räumlicher Prozesse orientiert sich an den einleitend genannten Vorgaben des Bundes-Bodenschutzgesetzes (BBodSchG) und der Europäischen Wasserrahmenrichtlinie (2000 / 60 / EG, EU-WRRL). Sie dienen im Wesentlichen der Analyse und Bewertung landschaftshaushaltlicher Belastungen in Folge landwirtschaftlicher Bodennutzung und sind für den Einsatz in der topischen und unteren chorischen Dimension geeignet.

In Bezug auf das BBodSchG leisten die LUMASS-Funktionen einen Beitrag zur Bewertung der Umsetzung der guten fachlichen Praxis in der Landwirtschaft. Sie beziehen sich dabei konkret auf die folgenden Aspekte (BBodSchG §17 Abs. 2):

- Erhaltung oder Verbesserung der Bodenstruktur,
- Vermeidung von Bodenverdichtungen unter besonderer Berücksichtigung der Bodenart, der Bodenfeuchte und des durch Maschineneinsatz verursachten Bodendrucks (Kapitel 3.4.6),
- Vermeidung wasserbedingter Bodenabträge durch Berücksichtigung der Hangneigung, der Wasserverhältnisse sowie der Bodenbedeckung und
- Erhalt naturbetonter Strukturelemente der Feldflur, insbesondere Hecken, Feldgehölze, Feldraine und Ackerterrassen, zum Schutz des Bodens (Kapitel 3.4.1, 3.4.3 u. 3.4.4).

In Bezug auf die EU-WRRL ermöglicht LUMASS

- die Lokalisierung und Abschätzung des oberirdischen Sediment- und Phosphoraustrags (Kapitel 3.4.1 u. 3.4.4, vgl. EU-WRRL, Anhang II, 1.4) einschließlich der Abgrenzung der relevanten Einzugsgebiete,
- die Abschätzung der jährlichen Grundwasserneubildung (Kapitel 3.4.5, vgl. EU-WRRL, Anhang II, 2.2),
- die Abschätzung der mittleren Nitratkonzentration im Sickerwasser (Kapitel 3.4.5) und damit indirekt die Ausweisung von Flächen mit erhöhtem Grundwassergefährdungspotenzial (vgl. EU-WRRL, Anhang II, 2.1) und
- die Abschätzung des ereignisbezogenen Direktabflusses unter Berücksichtigung der Nutzung und damit indirekt die Auswirkungen anthropogener Landnutzungsänderungen auf die Grundwasserneubildung (Kapitel 3.4.2, vgl. EU-WRRL, Anhang II, 2.3 g)).

Darüber hinaus lassen sich weitere bodenkundliche Parameter und Kennwerte zum Bodenwasserhaushalt abschätzen und bewerten (Kapitel 3.4.7).

GIV

Für die Verarbeitung geographischer Informationen ist LUMASS mit dem Geographischen Informationssystem ArcGIS™ der Firma ESRI® gekoppelt (s. Kapitel 3.2). Dem Anwender stehen damit alle gängigen GIS-Werkzeuge und -Methoden zur Verwaltung, Analyse und Präsentation räumlicher Daten zur Verfügung.

DS

Die funktionalen Anforderungen hinsichtlich der Entscheidungsunterstützungskomponente werden durch die Anbindung des *Open Source Mixed-Integer Linear Programming Systems* lp_solve (BERKELAAR ET AL. 2004) erfüllt (vgl. Kapitel 3.2). Aufbauend auf den Analysen und Bewertungen unter Einsatz der Prozessmodelle und des GIS lässt sich damit unter Berücksichtigung vorgegebener Flächenanteile eine optimale Verteilung der verschiedenen Landnutzungen auf die einzelnen Schläge im Untersuchungsgebiet erzielen. Neben den hier im Vordergrund stehenden ökologischen Kriterien lassen sich dabei zusätzlich beliebige weitere Kriterien über die LUMASS-Oberfläche in den Optimierungsprozess einbinden (s. Kapitel 3.5.2). Ökonomische oder soziale Prozesse lassen sich zwar nicht direkt mit LUMASS modellieren, können aber auf diesem Wege gleichermaßen bei der Suche nach einer optimalen Landnutzungsverteilung berücksichtigt werden. LUMASS eignet sich somit als integriertes Planungswerkzeug für die Entwicklung nachhaltiger Landnutzungsstrategien.

Strukturelle Systemkomponenten 25

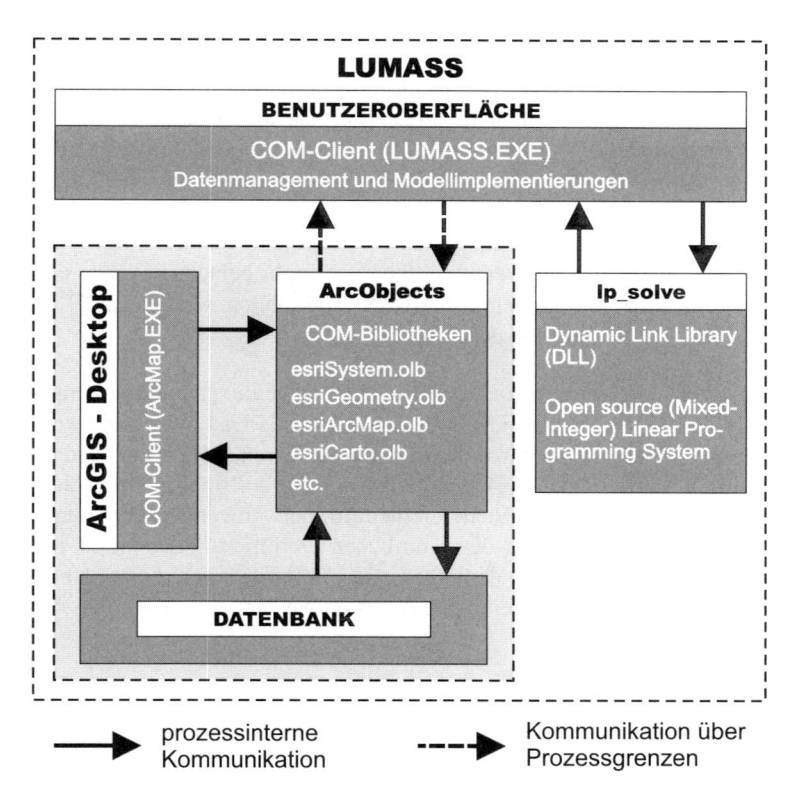

```
┌─────────────────────────────────────────────────────────┐
│                        LUMASS                           │
│  ┌───────────────────────────────────────────────────┐  │
│  │              BENUTZEROBERFLÄCHE                   │  │
│  │            COM-Client (LUMASS.EXE)                │  │
│  │      Datenmanagement und Modellimplementierungen  │  │
│  └───────────────────────────────────────────────────┘  │
│                       ▲          ▲      ▲               │
│                       │          │      ▼               │
│  ┌──────────────────────────────┐  ┌─────────────────┐  │
│  │      ArcObjects              │  │    lp_solve     │  │
│  │   COM-Bibliotheken           │  │ Dynamic Link    │  │
│  │   esriSystem.olb             │  │ Library (DLL)   │  │
│  │   esriGeometry.olb           │  │ Open source     │  │
│  │   esriArcMap.olb             │  │ (Mixed-Integer) │  │
│  │   esriCarto.olb              │  │ Linear Pro-     │  │
│  │   etc.                       │  │ gramming System │  │
│  └──────────────────────────────┘  └─────────────────┘  │
│                       ▲                                 │
│                       ▼                                 │
│  ┌───────────────────────────────────────────────────┐  │
│  │                   DATENBANK                       │  │
│  └───────────────────────────────────────────────────┘  │
└─────────────────────────────────────────────────────────┘
```

──▶ prozessinterne Kommunikation   ---▶ Kommunikation über Prozessgrenzen

Abb. 4: Strukturelle Systemkomponenten von LUMASS.

3.2 Strukturelle Systemkomponenten

Aus struktureller Sicht besteht LUMASS im Kern aus fünf unterschiedlichen Softwarekomponenten, die über verschiedene Schnittstellen miteinander gekoppelt sind: (i) die LUMASS-Benutzeroberfläche lumass3.exe, (ii) die GIS-Anwendung ArcMap.exe, (iii) die ArcObjects™-Bibliotheken (*.olb), (iv) diverse Daten- bzw. Datenbankdateien (*.dbf, *.shp, *.mdb, etc.) und (v) die Dynamic Link Library lp_solve51.dll.

Abbildung 4 verdeutlicht das Zusammenwirken der strukturellen Komponenten und stellt den Datenaustausch zwischen diesen dar. Eine zentrale Rolle spielt dabei das COM-basierte Objektmodell ArcObjects™ der Firma ESRI®. Es bietet eine umfassende Sammlung an gängigen GIS-Funktionen und dient in dieser Hinsicht als *COM-Server*, der die *COM-Clients* ArcMap.exe und lumass3.exe mit der entsprechenden GIS-Funktionalität ausstattet.

ArcMap.exe ist innerhalb von LUMASS die zentrale Anwendung für die Verwaltung, Editierung, Analyse und Visualisierung der räumlichen Daten.

Lumass3.exe ist dagegen die zentrale Schnittstelle für die problem- und modellspezifische sowie komponentenübergreifende Konfiguration der einzelnen Ziel- bzw. Eingangsgrößen (s. Kapitel 3.3). Darüber hinaus enthält sie die gesamte Logik der implementierten Prozessmodelle (vgl. Kapitel 3.1) und bindet die Funktionalität der lp_solve-Bibliothek (BERKELAAR ET AL. 2004) in den räumlichen Entscheidungsprozess ein. Die Anwendung greift dabei über die COM-Schnittstelle auf die innerhalb des Prozessbereiches von ArcMap™ instanziierten COM-Objekte zu und erhält somit direkten Zugriff auf die ArcMap™-Anwendung und die von ihr geladenen Layer und Tabellen. Externe, nicht in ArcMap™ geladene dBASE®-Tabellen, werden mit Hilfe der ActiveX® Data Objects gelesen und geschrieben.

Die lp_solve-Bibliothek repräsentiert die eigentliche Entscheidungsunterstützungskomponente von LUMASS (s. Kapitel 3.5.2). Sie wird hier als DLL-Variante in der Version 5.1 eingesetzt und zur Laufzeit in den Prozessbereich von lumass3.exe eingebunden. Dadurch erhält lumass3.exe direkten Zugriff auf die vollständige lp_solve-Funktionalität und fungiert als zentrales Steuerelement für den Anwender. Die Hauptaufgabe besteht dabei in der Abbildung des räumlichen Optimierungsproblems mit den von lp_solve bereitgestellten Datenelementen und Funktionen sowie der „Übersetzung" der Optimierungsergebnisse in eine von ArcMap.exe darstellbare Karte (s. Kapitel 3.5.2).

Lumass3.exe wurde mit Visual C++® entwickelt und ist eine dialogfeld-orientierte Anwendung, die auf der Microsoft® Foundation Class Library (MFC) basiert. Die minimalen Systemvoraussetzungen für den Einsatz von LUMASS werden durch die verwendete GIS-Komponente ArcGIS™, zu der die Anwendung ArcMap.exe und die ArcObjtects™-Bibliotheken gehören, vorgegeben:

Plattform	Intel-kompatibler PC
Betriebssystem	Windows 2000 oder XP
Arbeitsspeicher	512 MB RAM
Prozessor	1 GHz

LUMASS setzt dabei die Installation einer deutsch- oder englischsprachigen ArcGIS™-9.0-Version der Lizenzvariante ArcView™ voraus. Es arbeitet aber auch mit den umfangreicheren Lizenzvarianten ArcEditor™ und ArcInfo™ sowie optionalen Erweiterungen zusammen.

3.3 Datenmanagement

Wesentliche funktionale Anforderungen an räumliche Entscheidungsunterstützungssysteme sind die Flexibilität der Modell-Daten-Kombination sowie des Arbeitsablaufes, wie in Kapitel 2.2 ausgeführt wird. Zusammengefasst und übertragen auf die inhaltliche Ausrichtung von LUMASS bedeutet dies konkret Flexibilität in Bezug auf die

- Auswahl der im jeweiligen Planungsfall einzusetzenden Modelle,
- Nutzbarkeit einmal konfigurierter Daten in verschiedenen Modellen,
- Veränderbarkeit der Eingangsgrößen und Modellparameter,
- Veränderbarkeit prozessrelevanter Raumstrukturelemente (z. B. Grünstreifen),
- Nutzung eigener, unabhängig von LUMASS erstellter Eingangsdaten und
- freie und iterative Gestaltung des Arbeitsablaufes.

Die Realisierung dieser Anforderungen wurde anhand eines entsprechenden Datenmanagementkonzeptes umgesetzt, das im folgenden Abschnitt inhaltlich erläutert wird. Auf technischer Ebene erfolgt die Datenverwaltung in LUMASS fast ausschließlich durch die von ArcObjects™ bereitgestellten Funktionalitäten (vgl. Kapitel 3.2) und ermöglicht dadurch den unkomplizierten Zugriff sowohl auf dateibasierte (Shape-, dBASE®- und Grid-Dateien) als auch datenbankbasierte Geodaten (z. B. *Personal Geodatabase* = Access-Datenbank).

3.3.1 Datenebenen

Die von LUMASS verwalteten Daten können grundsätzlich in räumlich differenzierte und räumlich undifferenzierte oder nichträumliche Daten unterteilt werden. Letztere werden hier als *Formulardaten* bezeichnet und umfassen entweder räumlich aggregierte Modellparameter, die für das gesamte Untersuchungsgebiet (topische bis untere chorische Maßstabsebene) Gültigkeit besitzen oder Konfigurationseinstellungen, die einen gänzlich nichträumlichen Charakter haben. Sie werden direkt über die Benutzeroberfläche von LUMASS editiert und können zum Teil in Form einfacher ASCII-Konfigurationsdateien oder dBASE®-Tabellen gespeichert und zu einem späteren Zeitpunkt wieder verwendet werden (s. Kapitel 3.4 u. 3.5.2). Die räumlich differenzierten Daten, kurz Geodaten, verarbeitet LUMASS in Form von Vektor- und Raster-Layern sowie in Form von Datenbanktabellen. Sie lassen sich in thematische Ebenen gliedern und repräsentieren sowohl Eingangs- als auch Zielgrößen:

- Topographie. Die topographischen Daten umfassen zum einen die schlag- bzw. parzellenbezogenen Daten (Polygon-Feature-Class) mit Informationen zur Landnutzung und Bewirtschaftung sowie zu hydrologischen und klimatischen Eigenschaften. Im Verlauf des Entscheidungsprozesses werden hier zusätzlich die normalisierten Kriterienwerte als Eingangsdaten für den Optimierungsprozess abgelegt und im Anschluss daran die automatisch vom System zugeteilte optimale Landnutzung. Zum anderen zählen zu den topographischen Daten die abflusswirksamen linienhaften Strukturelemente (Polyline-Feature-Class) der Landschaft, wie z. B. Grünstreifen, Hecken und Gräben.

- Bodendaten. Die Bodendaten werden in Anlehnung an DUTTMANN (1999b) in standortbezogene und horizontbezogene Bodendaten unterteilt und getrennt voneinander verwaltet. Die standortbezogenen Bodendaten (Polygon-Feature-Class) repräsentieren diejenigen Parameter und Größen, die die im Gebiet ausgewiesenen Bodeneinheiten (Bodentypen bzw. -subtypen) als Ganzes charakterisieren (z. B. effektive Durchwurzelungstiefe oder mittlerer Grundwassertiefstand).

  Die horizontbezogenen Bodendaten (Tabelle) kennzeichnen dagegen die Eigenschaften der Leitprofilhorizonte der unterschiedlichen Bodeneinheiten (z. B. Bodenart oder Lagerungsdichte).

- Geländehöhendaten. Die Geländehöhendaten beschreiben die Oberflächenform des Untersuchungsgebietes und werden als Raster-Layer vorgehalten. Sie stellen die zentrale Eingangsgröße für die Modellierung reliefabhängiger Parameter dar.

Welche konkreten Daten bzw. Attribute die einzelnen Ebenen enthalten und wie diese miteinander verknüpft sind, fasst Abbildung 5 zusammen. Dargestellt sind die Eingangs- und Zielgrößen aller in LUMASS implementierten Prozessmodelle als Elemente eines Prozess-Korrelations-Systems. Die perspektivisch dargestellten Attribute repräsentieren dabei die oben beschriebenen Geodaten, die in Form von Vektor- und Raster-Layern sowie Tabellen abgelegt sind. Zur besseren Unterscheidung sind die Raster-Layer zusätzlich mit einer Gittersignatur gekennzeichnet. Die in Tabellenform vorliegenden horizontbezogenen Bodendaten sind im unteren zentralen Teil des Schaubildes vor dem Bodenprofil abgebildet. Alle übrigen Daten sind diejenigen Formulardaten, die als notwendige Parameter für die jeweiligen Modelle angegeben werden müssen. Zusätzliche Berechnungsoptionen, wie z. B. die unterschiedlichen Fließ- oder Neigungsalgorithmen für die Reliefparameter, sind nicht dargestellt. Im Gegensatz zu üblichen Geoökosystemabbildungen (z. B. KLUG & LANG 1983; MOSIMANN 1997; LESER 1997) stehen hier allerdings keine Energie-, Stoff- oder Wasserflüsse sondern vielmehr die Datenflüsse innerhalb und zwischen den einzelnen Layern und Tabellen im Vordergrund. Zum Beispiel ist die in der Natur zu beobachtende Korrelation der horizontspezifischen mechanischen Vorbelastung (PVVAL) mit den Parametern nutzbare Feldkapazität (NFK), Luftkapazität LK und Totwasser TW nicht dargestellt, weil LUMASS diese Parameter intern aus weiteren Kenngrößen ableitet (s. Abbildung 5 u. Kapitel 3.4.6). Aufgrund des hier in den Mittelpunkt gestellten Aspekts der Geodatenverarbeitung, sind auch die Elemente in die Systemabbildung integriert, die eine rein technische Bedeutung im Zusammenhang mit der Implementierung der Modelle besitzen - z. B. der eindeutige Bezeichner der Landnutzungseinheiten (PARZID).

3.3.2 Datenkonfiguration

Die Konfiguration der von LUMASS verwalteten Daten wird zentral über die eigene Benutzeroberfläche vorgenommen. Die nichträumlichen (Formular-) Daten werden

Datenmanagement

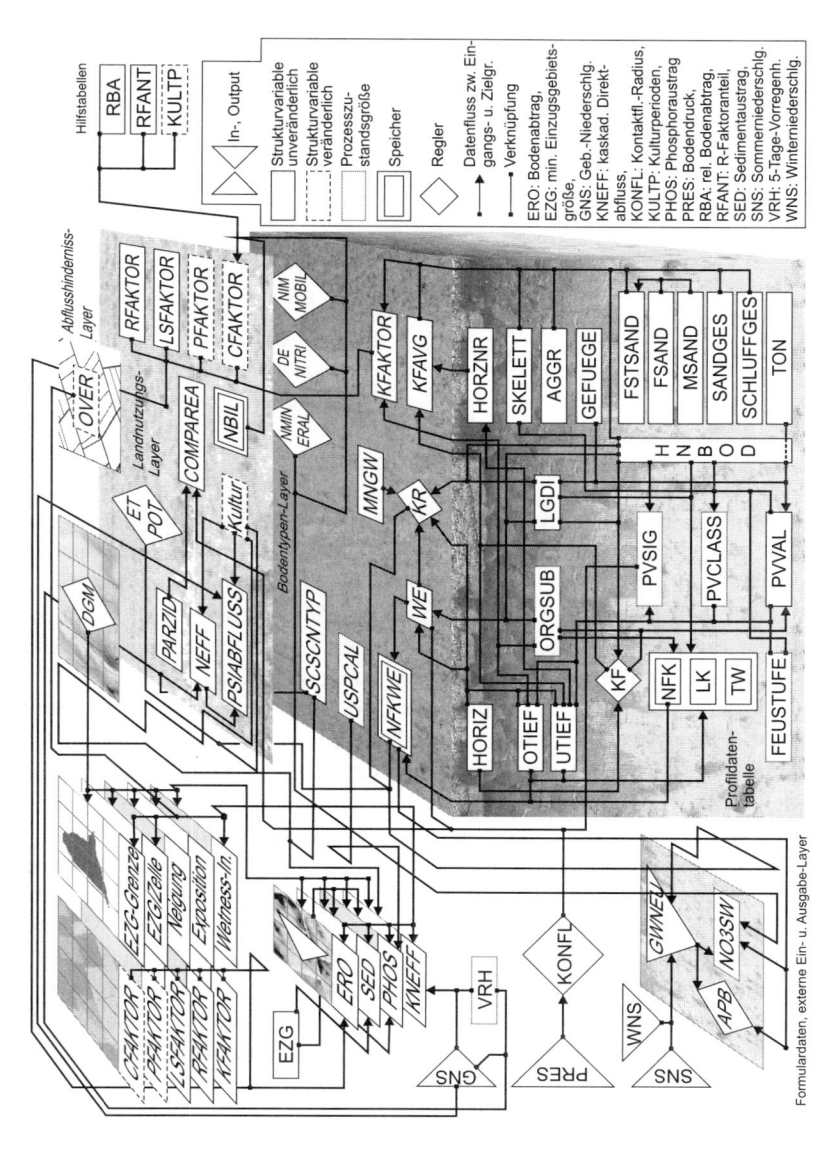

Abb. 5: *Eingangs- und Zielgrößen der in LUMASS implementierten Prozessmodelle, dargestellt als Elemente eines Prozess-Korrelations-Systems. Die Verwendung der Symbole erfolgt in Anlehnung an MOSIMANN (1997). Zur Bedeutung der nicht erklärten Größen s. Abkürzungen und Symbole, S. 130ff.*

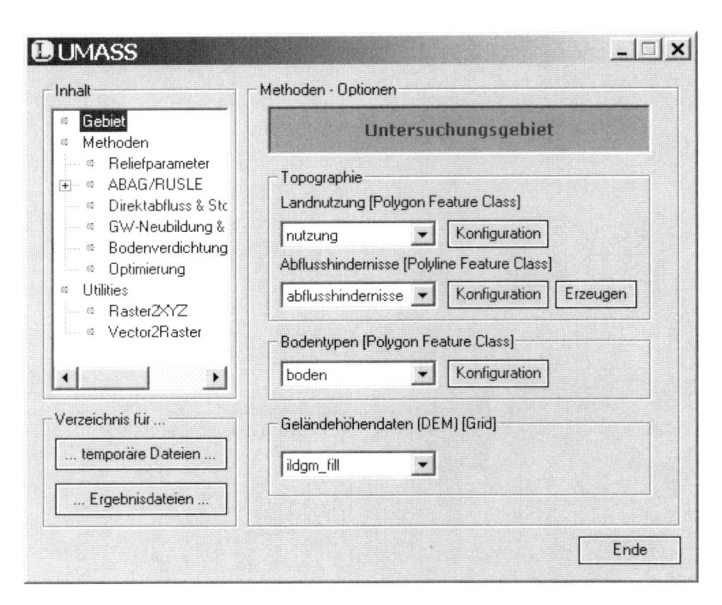

Abb. 6: Die Benutzeroberfläche Untersuchungsgebiet zur Konfiguration der Geodaten.

getrennt nach den einzelnen Modellen und Methoden über die jeweiligen Dialogfelder konfiguriert. Sie werden im Zusammenhang mit den jeweiligen Prozessmodellen in Kapitel 3.4 näher erläutert. Die Geodaten werden dagegen modellneutral getrennt nach Layern bzw. Tabellen über die Oberfläche Untersuchungsgebiet (s. Abbildung 6) konfiguriert. Eine Ausnahme bilden diejenigen Ausgabe-Layer, die ihrerseits wieder als Eingangs-Layer für ein weiteres Modell dienen können, z. B. der Bodenabtrag als Eingangsgröße für den oberirdischen Stoffaustrag. Damit der Anwender hier nicht von den von LUMASS bereitgestellten Modellen und Methoden abhängig ist, besteht in diesen Fällen auch die Möglichkeit *externe* Layer entsprechenden Typs und Inhalts über die modellspezifischen Benutzerschnittstellen auszuwählen. Aus dem gleichen Grund wird auch die Konfiguration der Eingangsdaten für den Optimierungsprozess getrennt von den anderen räumlichen Daten vorgenommen. Sie ist relativ komplex und wird mit Hilfe eines eigens dafür konzipierten Steuerelements vereinfacht und gleichzeitig überwacht (s. Kapitel 3.5.2). Da LUMASS als Erweiterung zu ArcMap™ konzipiert worden ist, können grundsätzlich nur die im GIS geladenen Geodaten ausgewählt und konfiguriert werden. Die während der Arbeit mit LUMASS automatisch erzeugten Ausgabedateien werden in temporäre Dateien für Hilfs- und Zwischengrößen sowie in Ergebnisdateien, die die eigentlichen Zielgrößen enthalten, unterschieden. Damit es dabei nicht zu Namenskonflikten und dem unbeabsichtigten Überschreiben von Daten kommt, werden die Namen der generierten Layer (s. Kapitel 3.4) ggf. um eine fortlaufende Nummer erweitert. Die jeweiligen Zielordner können in LUMASS über die Benutzeroberfläche eingestellt werden (s. Abbildung 6).

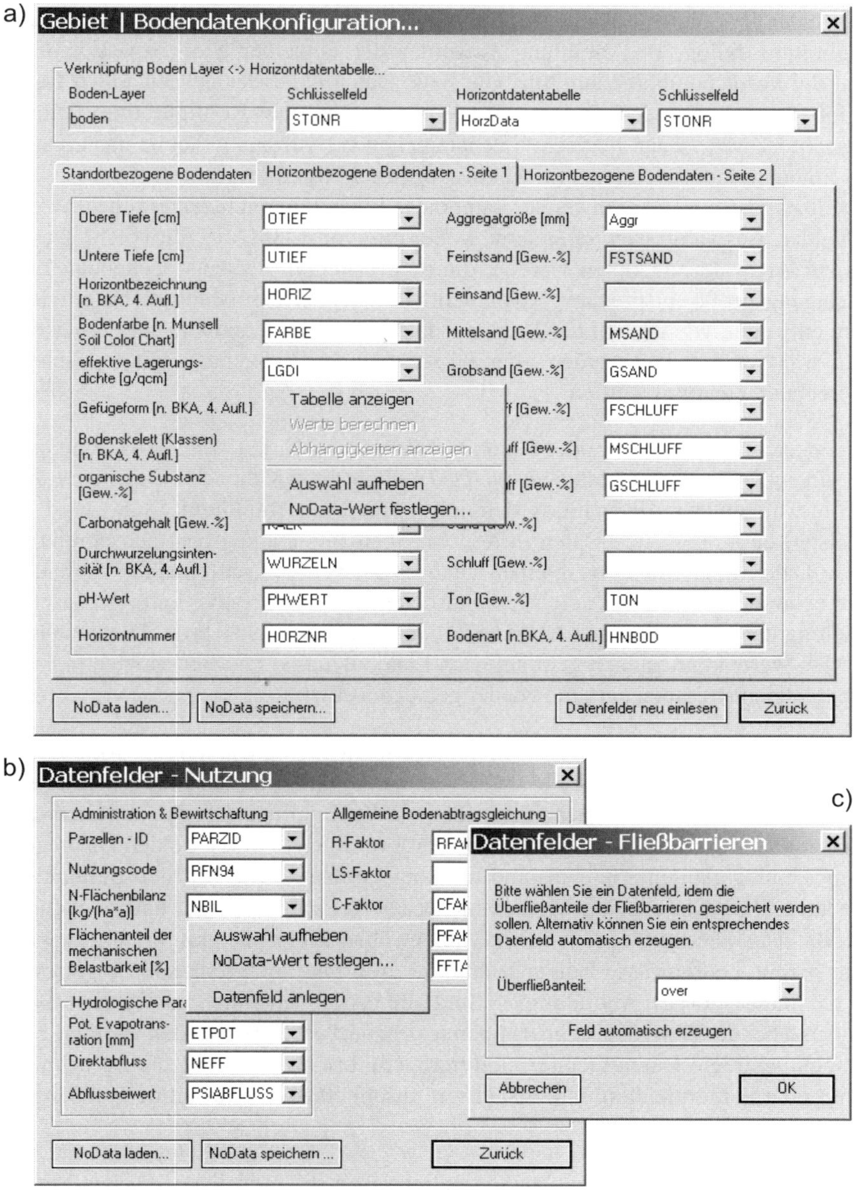

Datenmanagement

Abb. 7: Die Geodaten-Konfigurationsdialoge in LUMASS: a) Allgemeine und horizontbezogene Bodendaten; b) Landnutzungsdaten; c) Abflusshindernisse.

Mit Hilfe der über die Oberfläche Untersuchungsgebiet (s. Abbildung 6) erreichbaren Konfigurationsdialoge (s. Abbildung 7) werden den einzelnen Ziel- bzw. Eingangsgrößen die korrespondierenden Attribute bzw. Datenfelder der ausgewählten Layer bzw. Tabellen zugeordnet. Bei dem erstmaligen Aufruf eines Konfigurationsdialoges durchsucht LUMASS automatisch die entsprechende (Attribut-) Tabelle nach festgelegten Standarddatenfeldnamen (s. Abkürzungen und Symbole, S. 130 ff.) und wählt diese selbständig aus. Der Anwender kann diese Einstellungen jederzeit über die entsprechenden Auswahlboxen verändern, wobei ihm von LUMASS nur solche Datenfelder zur Auswahl angeboten werden, die dem Datentyp der entsprechenden Ziel- bzw. Eingangsgröße entsprechen. Noch nicht vorhandene, aber benötigte Datenfelder, können entweder, wie im Fall der Nutzungsdaten, über das Kontextmenü der jeweiligen Auswahlbox angelegt werden, oder, wie im Fall der Bodendaten, automatisch bei der Berechnung erzeugt werden.

Zur Kennzeichnung invalider oder fehlender Daten kann für jede Ziel- bzw. Eingangsgröße ein individueller sogenannter *NODATA-Wert* entsprechenden Datentyps über das Kontextmenü der Auswahlbox definiert werden (s. Abbildung 7). So wird gewährleistet, dass nur valide Daten in die einzelnen Berechnungsroutinen einfließen. Invalide Daten oder Standorte bleiben auch so in weiteren, aufeinander aufbauenden Berechnungsschritten als solche erkenntlich und werden bei der kartographischen Darstellung der Ergebnisse von LUMASS automatisch berücksichtigt. Die einzelnen NODATA-Werte können auch getrennt nach Landnutzungs- und Bodendaten in Form von Textdateien abgespeichert und wieder geladen werden.

Um die horizontbezogenen Bodendaten konfigurieren zu können, muss zuvor über die Auswahlbox Horizontdatentabelle des Bodendatenkonfigurationsdialoges eine entsprechende Datenquelle ausgewählt werden. Die Verknüpfung mit den standortbezogenen Bodendaten erfolgt über die Angabe der jeweiligen Schlüsselfelder. Die gegenseitigen Abhängigkeiten von Ziel- und Eingangsgrößen können für den Bereich der Bodendaten über das jeweilige Kontextmenü der Auswahlbox einer entsprechenden Zielgröße visualisiert werden. Während die gewählte Zielgröße grau hinterlegt wird, werden bereits konfigurierte Eingangsdaten in grün und noch fehlende Eingangsdaten in rot hinterlegt (vgl. Abbildung 7). Sind alle benötigten Daten konfiguriert, kann die entsprechende Zielgröße über das Kontextmenü berechnet werden. Sollten evtl. doch noch benötigte Daten nicht konfiguriert sein, bricht LUMASS die Berechnung ab, zeigt eine Fehlermeldung und visualisert anschließend die jeweiligen Abhängigkeiten.

Beim Aufruf der einzelnen Berechnungsroutinen über die modellspezifischen Benutzeroberflächen (vgl. Kapitel 3.4) greift LUMASS automatisch auf die entsprechenden Eingangsdaten zu. Sind nicht alle benötigten Eingangsdaten konfiguriert, bricht LUMASS ab und zeigt dem Anwender eine Fehlermeldung mit den noch zu konfigurierenden Daten.

3.4 Landschaftshaushaltliche Modellierung

Wie bereits in Kapitel 2.2 ausführlich behandelt wurde, ist die Beurteilung des Ist-Zustandes und die Erarbeitung und Bewertung von Handlungs- bzw. Planungsalternativen ein wesentlicher Bestandteil räumlicher Entscheidungs- bzw. Planungsprozesse. Ein Großteil der erforderlichen räumlichen Analysen und Bewertungen werden in diesem Kontext mit Hilfe von fachspezifischen Modellen durchgeführt. Vor dem in Kapitel 1 und 3.1 geschilderten fachlichen Hintergrund integriert LUMASS eine Reihe von Modellen und Methoden zur Abschätzung und Bewertung landschaftshaushaltlicher Prozesse (s. Tabelle 3 , S. 22). Die für den wissenschaftlich fundierten Einsatz der gegebenen Modelle, im Rahmen des vorgestellten Systems, relevanten Aspekte der Implementierung in die verwendete GIS-Umgebung sind Gegenstand der folgenden Kapitel. Dabei stehen neben einer kurzen Beschreibung der wesentlichen Prinzipien vor allem die z. T. vorgenommenen, meist anwendungspraktisch bedingten Modifikationen und Erweiterungen im Vordergrund.

Alle integrierten Modelle bzw. Methoden eignen sich für den Einsatz in der topischen und unteren chorischen Dimension und sind deshalb für ein flächenscharfes Landnutzungsmanagement geeignet. Ein mitunter darüberhinaus gehender Einsatz auf anderen Maßstabsebenen ist nicht Inhalt dieses Kapitels und muss zuvor anhand der aufgeführten Originalliteratur überprüft werden.

3.4.1 Reliefparameter

Auf der Grundlage des Raster-Layers mit den digitalen Geländehöhendaten (DGM) (vgl. Kapitel 3.3) berechnet LUMASS verschiedene primäre geomorphometrische Parameter, die über die Benutzeroberfläche Reliefparameter aufgerufen werden (s. Abbildung 8). Je nach Art der Berechnungsmethode werden sie nach SCHMIDT & DIKAU (1999, S. 163) in (i) *einfache*, (ii) *komplexe* und (iii) *kombinierte* bzw. zusammengesetzte Reliefparameter unterschieden.

Prinzipielles Vorgehen

Die Berechnung einfacher Reliefparameter einer einzelnen Rasterzelle erfolgt *lokal* anhand der Höheninformationen der sie umgebenden acht Nachbarzellen. Diese auch als *Moving Window* bezeichnete $3*3$ Rasterzellen große Submatrix des Geländehöhenmodells wird dabei von links oben nach rechts unten nacheinander über alle Zellen des Rasters geführt (s. Abbildung 9 d)), wobei der gewählte Parameter für die jeweils zentrale Zelle (Z_5) bestimmt wird. Weist eine der Nachbarzellen den NODATA-Wert auf, z. B. am Rand des DGM-Layers, kann die zentrale Zelle nicht berechnet werden und erhält ebenfalls den NODATA-Wert.

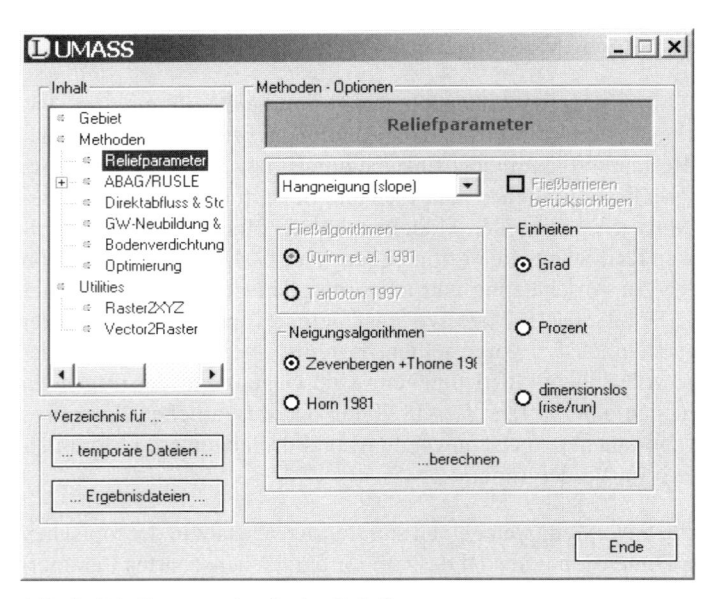

Abb. 8: Die Benutzeroberfläche Reliefparameter.

Die Ableitung komplexer Reliefparameter unterscheidet sich hiervon, indem sie nicht ausschließlich auf der Basis der lokalen Höheninformationen des Moving Window durchgeführt werden kann. Sie benötigt zusätzliche Daten, die andere Bereiche des DGM oder das gesamte DGM betreffen (SCHMIDT & DIKAU 1999). Erst dadurch werden Aussagen zu topologischen Eigenschaften von Reliefkomponenten, wie z. B. die relative Lage im Relief oder die Abgrenzung von Einzugsgebieten möglich. Für die Ermittlung der Einzugsgebietsgröße einer Rasterzelle beschreibt TARBOTON (1997, S. 313) auf der Basis von MARK (1988) einen sehr effizienten rekursiven Ansatz, bei dem jeweils alle hangaufwärts gelegenen abflussliefernden Nachbarzellen mit dem Moving Window nacheinander abgearbeitet werden.

Einfache Reliefparameter

Für die Berechnung der Hangneigung und Hangneigungsrichtung kann zwischen den Methoden von HORN (1981) und ZEVENBERGEN & THORNE (1987) gewählt werden. Die gesuchten Parameter ergeben sich dabei aus der Differenziation einer Flächenfunktion, die an die lokalen Höhenwerte der $3*3$ Submatrix angepasst wird, um die tatsächliche Geländeoberfläche möglichst genau wiederzugeben. ZEVENBERGEN & THORNE (S. 49) verwenden als Approximation ein Polynom zweiten Grades, das alle neun Stützstellen des Moving Window exakt beschreibt.

$$Z = Ax^2y^2 + Bx^2y + Cxy^2 + Dx^2 + Ey^2 + Fxy + Gx + Hy + I \qquad (3.1)$$

Aufgrund der regelmäßigen Struktur (quadratische Rasterzellen) des Höhenrasters können die Parameter $A, \ldots, I$ relativ leicht mit Hilfe eines Finite-Differenzen-Schemas aus den gegebenen Höhenwerten $Z_1, \ldots, Z_9$ der Submatrix und der Rasterzellenweite L (s. Abbildung 9 d)) abgeleitet werden (ZEVENBERGEN & THORNE 1987, S. 49):

$$A = [(Z_1 + Z_3 + Z_7 + Z_9)/4 - (Z_2 + Z_4 + Z_6 + Z_8)/2 + Z_5]/L^4 \quad (3.2)$$
$$B = [(Z_1 + Z_3 - Z_7 - Z_9)/4 - (Z_2 - Z_8)/2]/L^3 \quad (3.3)$$
$$C = [(-Z_1 + Z_3 - Z_7 + Z_9)/4 + (Z_4 - Z_6)/2]/L^3 \quad (3.4)$$
$$D = [(Z_4 + Z_6)/2 - Z_5]/L^2 \quad (3.5)$$
$$E = [(Z_2 + Z_8)/2 - Z_5]/L^2 \quad (3.6)$$
$$F = (-Z_1 + Z_3 + Z_7 - Z_9)/4L^2 \quad (3.7)$$
$$G = (-Z_4 + Z_6)/2L \quad (3.8)$$
$$H = (Z_2 - Z_8)/2L \quad (3.9)$$
$$I = Z_5 \quad (3.10)$$

Die gesuchten Parameter werden durch den Gradienten $\vec{\nabla}Z$ der Funktion Z beschrieben. Seine Orientierung und Richtung zeigen dabei in die Richtung des stärksten Anstiegs der Fläche (Exposition), während sein Betrag ein Maß für die Änderungsrate (bzw. den Anstieg) der Höhenwerte (Neigungsstärke) in diese Richtung darstellt. Er berechnet sich aus den partiellen Ableitungen der Funktion Z in X- und Y-Richtung.

$$\frac{\partial Z}{\partial x} = 2Axy^2 + 2Bxy + Cy^2 + 2Dx + Fy + G \quad (3.11)$$

$$\frac{\partial Z}{\partial y} = 2Ax^2y + Bx^2 + 2Cxy + 2Ey + Fx + H \quad (3.12)$$

$$\vec{\nabla}Z = \frac{\partial Z}{\partial x}\vec{e}_x + \frac{\partial Z}{\partial y}\vec{e}_y \quad (3.13)$$

Die Hangneigung β in den von LUMASS unterstützten Einheiten sowie die Hangneigungsrichtung δ in Grad ergeben sich daraus wie folgt:

$$\tan\beta \,[\text{dimensionslos}] = \sqrt{\left(\frac{\partial Z}{\partial x}\right)^2 + \left(\frac{\partial Z}{\partial y}\right)^2} \quad (3.14)$$

$$\tan\beta \,[\%] = \sqrt{\left(\frac{\partial Z}{\partial x}\right)^2 + \left(\frac{\partial Z}{\partial y}\right)^2} * 100 \quad (3.15)$$

$$\beta \,[°] = \arctan\left(\sqrt{\left(\frac{\partial Z}{\partial x}\right)^2 + \left(\frac{\partial Z}{\partial y}\right)^2}\right) * \frac{180}{\pi} \quad (3.16)$$

$$\delta \,[°] = \arctan\left(\frac{\partial Z}{\partial y} \Big/ \frac{\partial Z}{\partial x}\right) * \frac{180}{\pi} \quad (3.17)$$

Da den Berechnungen im Moving Window ein lokales Koordinatensystem mit dem Mittelpunkt in Z_5 ($x = y = 0$) zugrunde gelegt wird und die Parameterwerte nur jeweils für diese Zelle ermittelt werden, vereinfacht sich die Berechnung der partiellen Ableitungen 3.11 und 3.12 zu (vgl. WOOD 1996):

$$\frac{\partial Z}{\partial x} = G \quad (3.18)$$

$$\frac{\partial Z}{\partial y} = H \quad (3.19)$$

Das bedeutet, dass die gesuchten einfachen Reliefparameter für die Zelle Z_5 lediglich aus den Höhenwerten der vier direkt angrenzenden Nachbarn Z_2, Z_4, Z_6 und Z_8 bestimmt werden (s. Gleichungen 3.8 und 3.9).

HORN (1981) nennt zwar keine explizite Flächenfunktion, seine Methode unterscheidet sich hiervon aber im Wesentlichen durch die Berechnung der partiellen Ableitungen. Entgegen des oben beschriebenen Verfahrens verwendet er ein Zentrale-Differenzen-Schema, das insgesamt alle acht Nachbarzellen von Z_5 berücksichtigt und die Nachbarn in kardinaler Richtung doppelt gewichtet (HORN 1981, S. 18).

$$\frac{\partial Z}{\partial x} = [(Z_3 + 2Z_6 + Z_9) - (Z_1 + 2Z_4 + Z_7)]/8L \quad (3.20)$$

$$\frac{\partial Z}{\partial y} = [(Z_1 + 2Z_2 + Z_3) - (Z_7 + 2Z_8 + Z_9)]/8L \quad (3.21)$$

Dies führt nach HORN zu einer exzellenten Schätzung der einzelnen Komponenten des Gradienten von Z im Punkt Z_5. Die individuellen Höhenwerte der Stützstellen bekommen dadurch insgesamt weniger Gewicht als bei der Verwendung von nur vier Nachbarzellen, was zu einer geringeren Fehleranfälligkeit der berechneten Parameter gegenüber fehlerhaften Höhendaten der Submatrix führt (HORN 1981).

Ein von JONES (1997) (zitiert in BURROUGH & MCDONNELL, 1998, S. 191) durchgeführter Vergleich von insgesamt acht unterschiedlichen Neigungsalgorithmen zeigte, dass die oben beschriebenen Methoden, im Vergleich zu den wahren Werten der Testoberflächen, die besten Resultate ergaben. Dabei zeigte sich weiter, dass der Ansatz von HORN besonders für raues Gelände und der von ZEVENBERGEN & THORNE speziell für sanfteres Gelände geeigneter ist.

Komplexe Reliefparameter

Als komplexen Reliefparameter bietet LUMASS die Berechnung der Einzugsgebietsgröße je Rasterzelle. Sie entspricht dem Produkt aus der Anzahl der durch die betrachtete Zelle drainierenden Rasterzellen mit der Rasterzellengröße. Dargestellt z. B. in Klassen des Vielfachen der Standardabweichung oder mit Hilfe einer logarithmischen Skala, zeichnen die Bereiche großer Einzugsgebietsgröße potenzielle oberirdische Abflusspfade nach. Aufgrund dieser Eigenschaft wird diese Funktion in der Benutzeroberfläche Reliefparameter über die anschaulichere Bezeichnung Fließwege (flow accumulation) repräsentiert. Anstelle von Rasterzellen oder Flächenanteilen

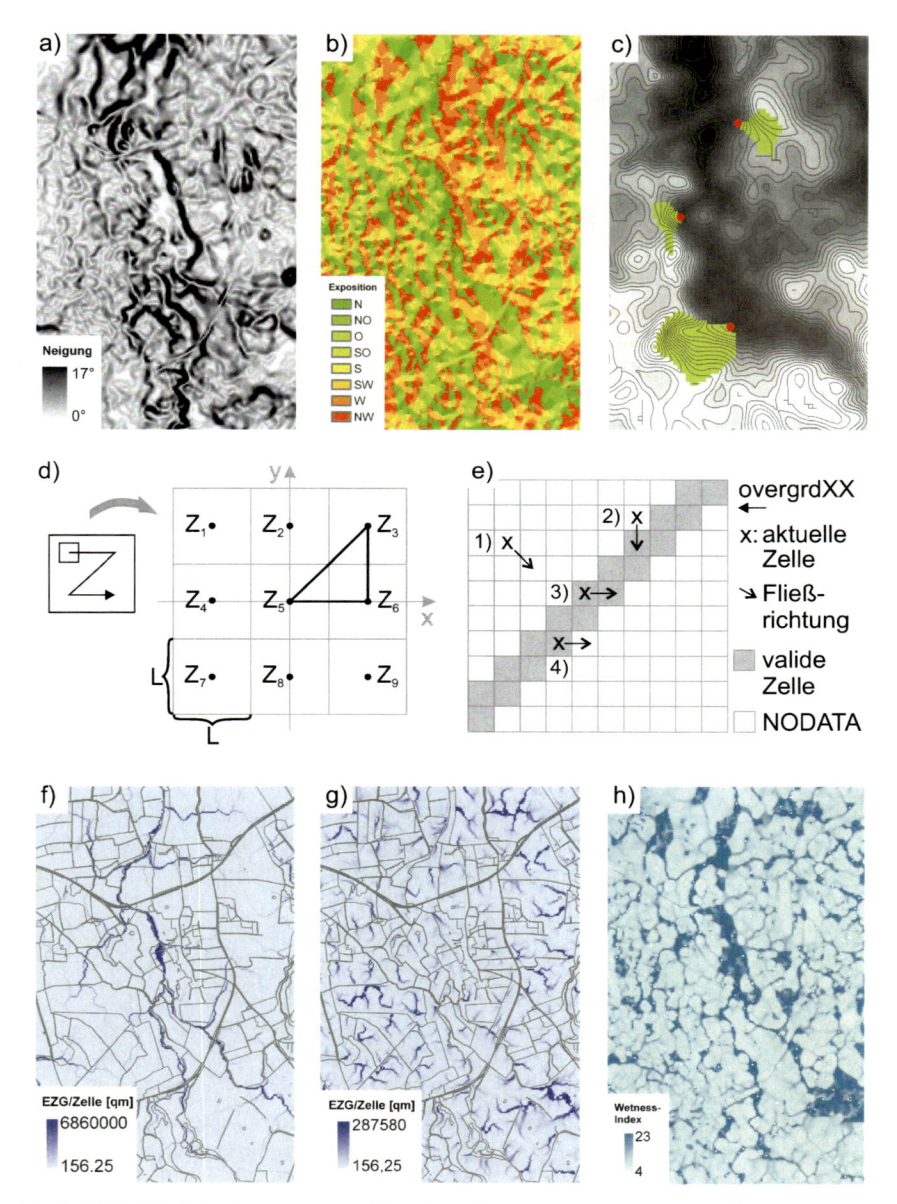

Abb. 9: LUMASS-Reliefparameter und ihre Berechnung: a) Hangneigung (slope); b) Hangneigungsrichtung (aspect); c) Einzugsgebiet (upslope area), Abgrenzung des EZG einer Zelle nach dem D∞-Verfahren (TARBOTON 1997) (Gebietsausschnitt); d) 3∗3 Submatrix (Moving Window); e) Mögliche Fälle bei der Berücksichtigung von Abflusshindernissen; f) Fließwege (flow accumulation) n. TARBOTON 1997, Überfließanteil 100 %; g) Fließwege (flow accumulation) n. QUINN et al. 1991, Überfließanteil 0 %; h) Wetness-Index.
Quelle: Kartengrundlage: ATKIS® Basis-DLM u. DGM5, ©LVermA-SH.

kann mit den unten beschriebenen Algorithmen ebenfalls die reliefbedingte Akkumulation oberirdisch transportierter Stoffe abgeschätzt werden (vgl. BURROUGH & MCDONNELL 1998) (s. Kapitel 3.4.2, 3.4.4, 4.2).

Die Berechnung der Fließakkumulation wird in der Literatur grundsätzlich anhand zweier unterschiedlicher Typen von Algorithmen beschrieben (vgl. z. B. QUINN ET AL. 1991; HOLMGREN 1994; TARBOTON 1997; LIANG & MACKAY 2000):

- *Single Flow Direction* (SFD)
- *Multiple Flow Direction* (MFD)

Während SFD-Algorithmen den Abfluss einer Rasterzelle nur an maximal eine tieferliegende Nachbarzelle weiterleiten können, sind MFD-Methoden in der Lage den Abfluss an bis zu acht tieferliegende Zellen zu verteilen. Divergenter Oberflächenabfluss kann auf diese Weise modelliert werden.

Das in LUMASS implementierte Verfahren nach QUINN ET AL. (1991, S. 61) gehört zu der Gruppe der MFD-Algorithmen und leitet den Abfluss an alle tieferliegenden Nachbarzellen weiter. Der aus einer Rasterzelle (Z_5) an die jeweiligen Nachbarzellen weitergereichte Abflussanteil ΔA_i wird proportional zum jeweiligen Höhengradienten $\tan \beta_i$ berechnet.

$$\Delta A_i = A * \frac{\tan \beta_i L_{d_i}}{\sum_{j=1}^{n} \tan \beta_j L_{d_j}} \qquad (3.22)$$

Dabei kennzeichnet A [m^2] die akkumulierte Einzugsgebietsgröße der betrachteten Zelle (Z_5) und n die Anzahl der tieferliegenden Nachbarzellen. L_d [m] bezeichnet die Länge des Höhenlinienabschnitts über den drainiert wird. Sie berechnet sich aus der Rasterzellenweite L [m] und einem richtungsabhängigen Gewichtungsfaktor.

$$L_d = \begin{cases} L * 0{,}5 & \text{kardinale Richtung} \\ L * 0{,}354 & \text{diagonale Richtung} \end{cases} \qquad (3.23)$$

TARBOTON (1997) verfolgt einen anderen Ansatz. Er basiert auf der Ansicht, dass die durch die MFD-Algorithmen abgebildete Dispersion des Abflusses nicht mit der physikalischen Definition der Einzugsgebietsgröße A und der spezifischen Einzugsgebietsgröße a (s. Gleichung 3.28) vereinbar sei. Selbst wenn a als Modellparameter stellvertretend für Größen verwendet wird, die durch divergenten Abfluss beeinflusst werden, müsse die Dispersion bei seiner Berechnung soweit wie möglich vermieden werden. TARBOTON (1997, S. 311 f.) weist deshalb der betrachteten Rasterzelle (Z_5) nur eine Fließrichtung zu. Dazu konstruiert er aus den neun Zellen des Moving Window acht Dreiecksfacetten (s. Abbildung 9 d)), für die jeweils die Neigung s und

Richtung r aus den Gradienten in kardinaler und diagonaler Richtung $(s1, s2)$ bestimmt werden (hier am Beispiel für Facette 1).

$$s_1 = (Z_5 - Z_6)/L \tag{3.24}$$

$$s_2 = (Z_6 - Z_3)/L \tag{3.25}$$

$$r = \arctan\left(\frac{s2}{s1}\right) \tag{3.26}$$

$$s = \sqrt{s_1^2 + s_2^2} \tag{3.27}$$

Liegt die berechnete lokale Neigungsrichtung außerhalb der betrachteten Facette, bestimmt die entsprechend nächste Kante die Neigungsrichtung. Die Richtung der am stärksten geneigten Facette wird schließlich als Winkel zwischen 0° und 360° ausgehend von Osten gegen den Uhrzeigersinn ausgedrückt und bestimmt damit die Fließrichtung der zentralen Zelle Z_5. Zeigt sie nicht direkt in eine der kardinalen oder diagonalen Richtungen, wird auch hier der Abfluss zwischen den betreffenden Zellen aufgeteilt. Die Proportionen und daraus resultierenden weiterzureichenden Abflussanteile (ΔA_i) ergeben sich dabei aus der Abweichung der direkten Richtung zu der jeweiligen Zelle von der berechneten Hangneigungsrichtung. Da für die jeweils betrachtete Zelle (Z_5) durch diese Methode nur eine Fließrichtung zwischen 0 und 360° zugewiesen wird, wird sie in Anlehnung an die auch als *D8* umschriebenen SFD-Methoden von TARBOTON als *D∞* (Deterministic infinity) bezeichnet.

Mit den von QUINN ET AL. (1991) und TARBOTON (1997) beschriebenen Methoden kann zwar die Einzugsgebietsgröße einer Rasterzelle berechnet, jedoch nicht visuell als Raumeinheit abgegrenzt werden. Für die Berücksichtigung potenzieller Liefergebiete oberidischer Stoffaustragsstellen bei der ökologischen Optimierung der Landnutzungsverteilung, ist dies aber wünschenswert (s. Kapitel 4.3). LUMASS stellt deshalb die Funktion Einzugsgebiet (upslope area) zur Verfügung. Ausgehend von einer markierten Rasterzelle werden dabei die jeweils hangaufwärts liegenden Nachbarzellen unter Anwendung des Algorithmus von TARBOTON (1997) auf Konnektivität überprüft und ggf. markiert. Das Ergebnis ist ein binärer Raster-Layer, der für alle markierten Zellen den Wert 1 und für alle übrigen Zellen den NODATA-Wert enthält. Die auf diese Weise abgegrenzte Fläche stellt die maximale Einzugsgebietsgröße der als Ausgangspunkt gewählten Rasterzelle dar. Sie ist deswegen als maximal zu bezeichnen, weil auch die D∞-Methode in begrenztem Ausmaß Abflussdivergenz erzeugt und somit auch Abflussanteile an nicht zum Einzugsgebiet gehörende Zellen weitergeben kann. Die mit der LUMASS-Funktion Fließwege (flow accumulation) unter Verwendung des D∞-Algorithmus berechnete Einzugsgebietsgröße einer Zelle wird deswegen in aller Regel vom Flächeninhalt des visuell abgegrenzten Einzugsgebietes abweichen und kleinere Werte aufweisen.

Kombinierte Reliefparamter

Als zusammengesetzten Reliefparamter berechnet LUMASS den sogenannten *Wetness-Index*. Er wird zur Ausweisung von Bereichen mit relativ höherer Bodenwassersättigung herangezogen und kann bei Anwendung gebietsspezifischer Schwellenwerte zur Ausweisung von Flächen mit hohem Abflussbildungspotenzial genutzt werden (MOORE ET AL. 1993). In der gegebenen Form bleibt dabei allerdings die Wasserwegsamkeit (Transmissivität) des Bodens unberücksichtigt und wird für das jeweils betrachtete Untersuchungsgebiet auf 1 gesetzt.

In seiner einfachsten Form wird der Wetness-Index w (Gl. 3.29) aus dem einfachen Reliefparameter Hangneigung ($\tan \beta$) und dem komplexen Parameter der spezifischen Einzugsgebietsgröße der Rasterzelle (a) (Gl. 3.28) berechnet. Letzterer ergibt sich aus dem Verhältnis der Einzugsgebietsgröße (A) der jeweiligen Rasterzelle zu der Länge des Höhenlinienabschnitts, über den entwässert wird (hier die Rasterzellenweite L) (MOORE ET AL. 1993, S. 15 u. 17):

$$a = \frac{A}{L} \qquad (3.28)$$

$$w = \ln \left(\frac{a}{\tan \beta} \right) \qquad (3.29)$$

Berücksichtigung von Fließbarrieren

Die oberirdischen Abflussbahnen bzw. Einzugsgebietsgrößen von Hangpunkten (Rasterzellen) werden in realen Landschaften neben der Geländehöhe ebenfalls durch lineare Raumstrukturelemente (z. B. Schlaggrenzen, Gräben, Straßen, etc.) der Landschaft beeinflusst (vgl. Abbildung 9 f) u. g)). Diese werden in Anlehnung an die bereits bei O'CALLAGHAN & MARK (1984) und DESMET & GOVERS (1996) beschriebenen Prinzipien der Verwendung einer Gewichtungsmatrix bzw. der Definition hydrologisch isolierter Raumeinheiten berücksichtigt.

LUMASS verwendet zur Definition der Lage und Beschaffenheit linearer Abflusshindernisse einen Vektor-Layer (*Polyline-Feature-Class*) (vgl. Kapitel 3.3). Die Charakteristik der einzelnen Elemente in Bezug auf ihre Fähigkeit Abfluss zu reduzieren oder zu unterbinden wird über den sogenannten *Überfließanteil* ausgedrückt, der Werte im Bereich von 0.00 bis 1.00 annehmen kann. Ein Wert von 0.00 bedeutet, dass das Element den hangabwärts gerichteten Abfluss vollständig stoppt, während ein Überfließanteil von 1.00 das Überfließen des Elements zu 100 % ermöglicht. Die Nutzung von *Polyline-Features* bietet dem Anwender, mit Blick auf ein effizientes Flächenmanagement, die Möglichkeit einzelne lineare Elemente hinzuzufügen, zu entfernen oder zu editieren und mit entsprechenden Überfließanteilen zu versehen. Das bedeutet insbesondere bei der Durchführung von Szenaranalysen gegenüber der ausschließlichen Verwendung von Raster-Layern einen großen praktischen Vorteil.

Landschaftshaushaltliche Modellierung 41

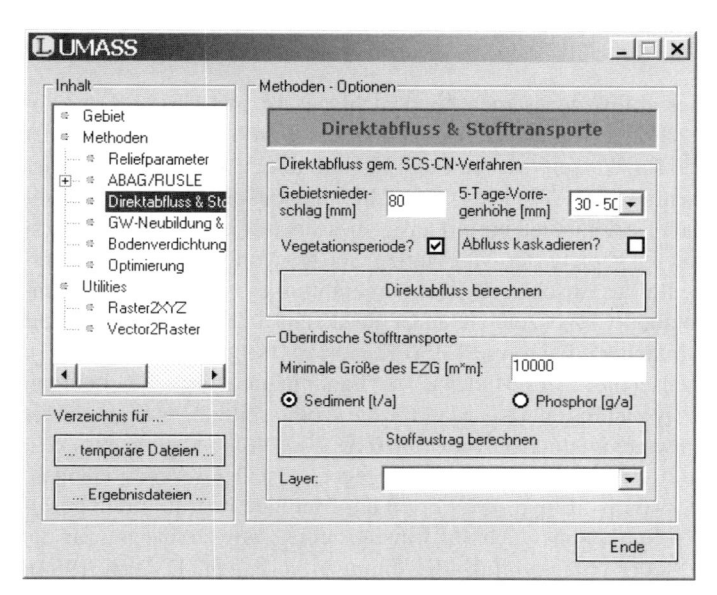

Abb. 10: Die Benutzeroberfläche Direktabfluss & Stofftransporte.

Die Angabe des Vektor-Layers erfolgt über die Benutzeroberfläche Untersuchungsgebiet. Neben der Spezifikation eines externen Layers, können die Abflusshindernisse auch direkt mit LUMASS aus dem Landnutzungs-Layer automatisch erzeugt werden. Bei der Konfiguration des gewählten Layers ist das Datenfeld (Standard: OVER) anzugeben, das den Überfließanteil der einzelnen Elemente enthält. Bei jedem Berechnungsvorgang der entsprechenden Reliefparameter wird der Layer in das Rasterformat konvertiert, wobei den Zellen, die Fließhindernisse repräsentieren, der entsprechende Überfließanteil zugeordnet wird, während alle anderen Zellen den NODATA-Wert erhalten. Bei der Berechnung der Fließakkumulation unter Berücksichtigung dieser Hindernisse können dann vier theoretische Fälle unterschieden werden, die in Abbildung 9 e) dargestellt sind. Der weiterzuleitende Abflussanteil (ΔA_i, s. o.) wird mit dem Überfließanteil der Zielzelle multipliziert, sofern dieser einen validen ($\neq$ NODATA) Wert aufweist (s. Fall 2 und 3).

Bei der Anwendung ist dies insbesondere dort zu berücksichtigen, wo bei dem Konvertierungsprozess, sei es durch den Verlauf der Linien oder durch die Rasterzellengröße, Abflusshindernisse entstehen, die in Fließrichtung eine Breite von mehr als einem Pixel aufweisen (vgl. Abbildung 9 e)). Da sich dies praktisch kaum vermeiden lässt, nimmt der anzugebende Überfließanteil genau genommen die Dimension $\frac{\text{Überfließanteil}}{\text{Rasterzellenweite}}$ an. Damit dieser Prozess für den Anwender transparent bleibt, werden die jeweils erzeugten Raster-Layer der Abflusshindernisse im temporären Datenverzeichnis unter dem Namen overgrd abgespeichert.

3.4.2 Direktabfluss

Für die Berechnung des abflusswirksamen Niederschlages ist in LUMASS das sogenannte *Curve-Number*-Verfahren des U. S. Soil Conservation Service (SCS) in der vom Deutschen Verband für Wasserwirtschaft und Kulturbau e. V. (DVWK) beschriebenen Fassung implementiert (DVWK 1984). Die Ableitung der der Methode zugrunde liegenden empirischen Beziehungen basiert auf gemessenen Niederschlag-Abfluss-Ereignissen kleiner Einzugsgebiete der Vereinigten Staaten von Amerika. Von entscheidender Bedeutung für die Abschätzung des Direktabflusses ist dabei die Bestimmung der als Curve-Number (CN) bezeichneten Gebietskenngröße. Sie charakterisiert die wichtigsten abflussbildenden Faktoren (DVWK 1984; MISHRA & SINGH 2003): (i) Hydrologische Eigenschaften des Bodens, (ii) Landnutzung und -bearbeitung, (iii) Vorregenhöhe und (iv) Jahreszeit. Als Maß für die Abflussbildungsneigung einer Fläche reicht ihre Spannweite möglicher Werte von 0 bis 100. Null bedeutet, dass kein Oberflächenabfluss stattfindet, Hundert bedeutet dagegen, dass der gesamte Gebietsniederschlag abflusswirksam ist. Ein großer Vorteil der Methode liegt in ihrem geringen Datenbedarf und darin, dass sie auch auf Einzugsgebiete anwendbar ist, für die keine Messungen der Niederschlag-Abfluss-Beziehungen vorliegen (DVWK 1984). Sie eignet sich deshalb hervorragend für den Einsatz im Rahmen des hier vorgestellten Landmanagementsystems. Die von LUMASS für die Berechnung des Direktabflusses und des Abflussbeiwertes (s. u.) benötigten Eingangsdaten sind in Tabelle 5 zusammengestellt (vgl. auch Abbildung 5 u. 10).

Die Option Abfluss kaskadieren? der Benutzeroberfläche Direktabfluss & Stofftransporte (vgl. Abbildung 10) legt fest, ob der Direktabfluss und der Abflussbeiwert auf Schlagebene berechnet und im Landnutzungs-Layer in den Datenfeldern NEFF bzw. PSIABFLUSS gespeichert werden. Oder ob auf der Basis des DGM und der Abflusshindernisse der abflusswirksame Niederschlag nach der D∞-Methode (s. Kapitel 3.4.1) kaskadiert und als Raster-Layer cumrunoff ausgegeben wird. Die nachfolgenden Ausführungen beziehen sich zunächst auf die schlagbezogene Berechnungsvariante.

Für die Berechnung des Effektivniederschlages muss zuvor die Curve-Number in Abhängigkeit von Landnutzung und hydrologischem Bodentyp festgelegt werden (s. Ta-

Tab. 4: Bodenfeuchteklassen des SCS-CN-Verfahrens.

Bodenfeuchteklasse	Niederschlag der vorangegangenen 5 Tage [mm]	
	Vegetationsperiode	übrige Zeit
I	< 30	< 15
II	30 – 50	15 – 30
III	> 50	> 30

Quelle: DVWK 1984, S. 6.

Tab. 5: Kenngrößen des SCS-CN-Verfahrens und die von LUMASS benötigten Eingangsdaten (vgl. Abbildung 5, S. 29).

Zielgröße	Eingangsgröße	Datenebene
NEFF Direktabfluss [mm]	GNS (Gebietsniederschlag [mm])	Formular
	VRH (5-Tage-Vorregenhöhe [mm])	Formular
	Vegetationsperiode? (Jahreszeit)	Formular
	KULTUR (Landnutzungsklasse)	Landnutzungs-Layer
	SCSCNTYP (hydrologischer Bodentyp)	Boden-Layer
PSIABFLUSS Abflussbeiwert	NEFF (Direktabfluss [mm])	Landnutzungs-Layer
	GNS (Gebietsniederschlag [mm])	Formular
KNEFF kaskadierter Direktabfluss [mm]	wie NEFF, *zusätzlich:* digitale Geländehöhendaten	DGM-Layer
	OVER (Lage und Beschaffenheit abflusswirksamer Raumstrukturelemente)	Abflusshinderniss-Layer

belle A 4 u. A 3). Die in Tabelle A 4 angegebenen CN-Werte beziehen sich dabei auf die Bodenfeuchteklasse II (BFK-II). Sie wird über die Angabe der 5-Tage-Vorregenhöhe über die Benutzerschnittstelle bestimmt (s. Abbildung 10) und beschreibt den Sättigungszustand des Bodens vor Beginn des betrachteten Niederschlagereignisses (s. Tabelle 4). In Abhängigkeit der jeweils gewählten Einstellung wird der CN-Wert für die Bodenfeuchteklassen I und III (CN_I, CN_{III}) aus dem zuvor ermittelten CN-Wert für die Bodenfeuchteklasse II (CN_{II}) berechnet (HAWKINS ET AL., 1985 und PONCE & HAWKINS, 1996 in MISHRA & SINGH, 2003, S. 122 f. u. S. 192). Die folgenden empirischen Beziehungen gelten dabei für eine Spannweite der CN-Werte von 55 bis 95.

$$CN_I = \frac{CN_{II}}{2,281 - 0,01281 * CN_{II}}; \quad r^2 = 0,996 \quad (3.30)$$

$$CN_{III} = \frac{CN_{II}}{0,427 + 0,00573 * CN_{II}}; \quad r^2 = 0,994 \quad (3.31)$$

Da die räumlichen Ausmaße von Bodeneinheiten und Schlägen naturgemäß nicht deckungsgleich sind, werden bei der schlagbezogenen Berechnungsoption die entsprechenden Layer intern verschnitten und die CN-Werte für die sich daraus ergebenden kleinsten gemeinsamen Geometrien bestimmt. Daraus wird der schlagbezogene CN-Wert als flächengewichteter Mittelwert abgeleitet. Der Effektivniederschlag (NEFF [mm]) eines Schlages errechnet sich dann in Abhängigkeit des über die

Benutzeroberfläche angegebenen Gebietsniederschlages (GNS [mm]) nach folgender Beziehung:

$$\text{NEFF} = \frac{\left[\left(\frac{\text{GNS}}{25,4}\right) - \left(\frac{200}{CN}\right) + 2\right]^2}{\left(\frac{\text{GNS}}{25,4}\right) + \left(\frac{800}{CN}\right) - 8} * 25,4 \qquad (3.32)$$

Der Abflussbeiwert PSIABFLUSS ergibt sich schließlich zu:

$$\text{PSIABFLUSS} = \frac{\text{NEFF}}{\text{GNS}} \qquad (3.33)$$

Wählt der Anwender die Berechnung des kaskadierten Direktabflusses, werden die einzelnen Layer (Topographie und Boden) zunächst in das Rasterformat überführt. Anschließend wird auf die oben beschriebene Weise der abflusswirksame Niederschlag für jedes Pixel berechnet, wobei der Umweg über die Flächengewichtung der CN-Werte aufgrund der Rasterstruktur der Eingangsdaten wegfällt. Anstelle der Flächengröße fungieren nun die berechneten Direktabflusswerte der Rasterzellen als Eingangsgröße für den D∞-Fließalgorithmus (vgl. Kapitel 3.4.1). Der resultierende Raster-Layer namens cumrunoff (KNEFF) stellt demnach den potenziell auf der Grundlage der Geländehöhenwerte über jedes Pixel abfließenden Effektivniederschlag in Bezug auf das Gesamtereignis dar.

Bei der praktischen Anwendung des Verfahrens sind nach DVWK (1984, S. 7) folgende Gesichtspunkte zu berücksichtigen: Für GNS < ca. 50 mm errechnet das Verfahren z. T. zu niedrige Werte für NEFF und PSIABFLUSS. Gebiete mit Bodentyp A und BFK-II weisen u. U. im Zusammenwirken mit entsprechenden Landnutzungen bei hohen Niederschlägen Abflussbeiwerte von PSIABFLUSS ≈ 0, bei Bodentyp D von PSIABFLUSS $> 0,7$ auf. Bei hohem Waldanteil ist die Auswirkung der Einstufung der Walddichte zu beachten.

3.4.3 Bodenerosion durch Wasser

Die niederschlagsbedingte Bodenerosion wird im Wesentlichen nach der bei SCHWERTMANN ET AL. (1990) beschriebenen *Allgemeinen Bodenabtragsgleichung* (ABAG) berechnet. Sie ist eine für bayerische Verhältnisse adaptierte Fassung der *Universal Soil Loss Equation* (USLE) von WISCHMEIER & SMITH (1978). Darin wird der wasserbedingte langjährige mittlere jährliche Bodenabtrag ($A\,[t/(ha*a)]$) auf der Grundlage einer empirisch gewonnen Gleichung ermittelt:

$$A = R * K * L * S * C * P \qquad (3.34)$$

Die einzelnen Faktoren charakterisieren die auf der Basis umfangreicher Feldmessungen (WISCHMEIER & SMITH 1978) identifizierten maßgeblichen Einflussgrößen des Bodenabtrages (SCHWERTMANN ET AL. 1990, S. 9):

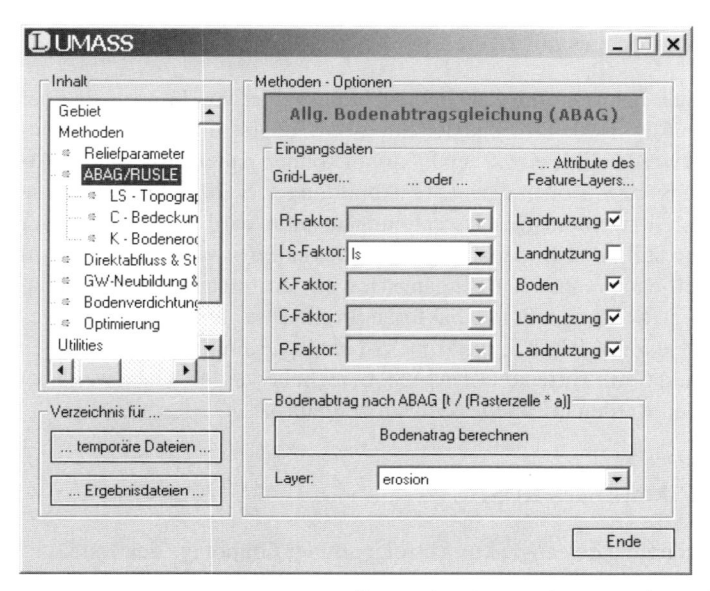

Abb. 11: Die Benutzeroberfläche Allg. Bodenabtragsgleichung (ABAG).

R Der Regen- und Oberflächenabflussfaktor [N/h] ist ein Maß für die Erosivität der Niederschläge und berechnet sich aus der kinetischen Energie und Niederschlagsintensität sämtlicher erosiver Niederschläge eines Jahres.

K Der K-Faktor [(t*h)/(ha*N)] kennzeichnet die Erodibilität des Bodens und stellt den Bodenabtrag des Standardhanges (22 m Länge, 9 % Gefälle, Schwarzbrache) pro R-Einheit dar.

L Der Hanglängenfaktor quantifiziert unter sonst gleichen Bedingungen das Verhältnis des Bodenabtrages eines beliebig langen Hanges zum Standardhang.

S Der Hangneigungsfaktor drückt das Verhältnis des Bodenabtrages eines beliebig geneigten Hanges zum Standardhang aus.

C Der C-Faktor wird als Bodenbedeckungs- und Bearbeitungsfaktor bezeichnet und beschreibt das Verhältnis des Bodenabtrages eines beliebig bewirtschafteten Hanges zum Standardhang.

P Mit Hilfe des P-Faktors wird der aufgrund von Schutzmaßnahmen, wie Konturnutzung, Terrassierung, usw. resultierende Bodenabtrag als Verhältnis zu dem Abtrag bei Bearbeitung in Gefällerichtung und ohne weitere Schutzmaßnahmen ausgedrückt.

Berechnung des Bodenabtrages mit LUMASS

Liegen die beschriebenen Faktoren für das Untersuchungsgebiet vor, können sie über die Benutzeroberfläche Allg. Bodenabtragsgleichung (ABAG) (s. Abbildung 11) konfiguriert und berechnet werden. Die einzelnen Faktoren können dabei entweder als Attribute des Landnutzungs- bzw. Boden-Layers (s. Abbildung 5, S. 29) oder als externe Raster-Layer bereitgestellt werden. Das Berechnungsresultat wird als Raster-Layer erosion ausgegeben und stellt den Bodenabtrag in $t/(Rasterzelle * a)$ dar. Dabei wird vorausgesetzt, dass den entsprechenden Eingangs-Layern ein metrisches Koordinatensystem zugrunde liegt. Sollten nicht alle Faktoren für die Berechnung des Abtrages vorliegen, können die Faktoren L und S, die zum LS-Faktor zusammengefasst werden sowie die Faktoren K und C mit Hilfe von LUMASS berechnet werden. Die jeweils benötigten Eingangsgrößen werden in Tabelle 6 zusammengefasst.

Berechnung des LS-Faktors nach RUSLE

Die automatische Berechnung des LS-Faktors erfolgt auf der Grundlage der von DESMET & GOVERS (1996) beschriebenen Methode. Dabei wird die in der ABAG/USLE verwendete erosive Hanglänge durch die spezifische Einzugsgebietsgröße einer Rasterzelle ersetzt. Diese kann analog zu den Ausführungen in Kapitel 3.4.1 auf Basis der digitalen Geländehöhendaten (s. Kapitel 3.3 u. Abbildung 6) wahlweise unter Anwendung der Algorithmen von QUINN ET AL. (1991) oder TARBOTON (1997) in die Ableitung des LS-Faktors einbezogen werden. Auch bei der Bestimmung der Hangneigung besteht die Wahl zwischen den bereits beschriebenen Methoden von HORN (1981) und ZEVENBERGEN & THORNE (1987) (vgl. Kapitel 3.4.1). Zusätzlich werden bei der Berechung automatisch die abflusswirksamen linearen Strukturelemente der Landschaft berücksichtigt. Auf diese Weise können sowohl Abflussdivergenz und -konvergenz als auch hydrologisch relevante topologische Beziehungen zwischen den betrachteten Schlägen in die Modellierung der Bodenerosion integriert werden. Im Rahmen des Flächenmangements können so die Auswirkungen von Schlagteilungen bzw. -restrukturierungen durch das Editieren von Abflusshindernissen sowie die Auswirkungen unterschiedlicher Bepflanzung von Erosionsschutzstreifen durch Anpassung der Überfließanteile am Bildschirm direkt simuliert werden.

Abweichend von den übrigen mit LUMASS berechenbaren Faktoren, stützt sich die Berechnung des LS-Faktors auf die *Revised Universal Soil Loss Equation* (RUSLE) (RENARD ET AL. 1997). Sie erlaubt zusätzlich die Berücksichtigung instabiler tauender Bodenverhältnisse und des Verhältnisses von Rillen- zu Zwischenrillenerosion in drei Stufen (s. Abbildung 12). Mit der Variation der die reliefbedingten potenziellen Abflusspfade unterschiedlich stark konzentrierenden Fließalgorithmen (vgl. Kapitel 3.4.1) stehen damit zwei Möglichkeiten zur Verfügung, der grundsätzlich in der ABAG/USLE/RUSLE nicht erfassten linearen Erosion, wenigstens im Rahmen der Möglichkeiten des Verfahrens, ansatzweise Rechnung zu tragen. Im Zusammen-

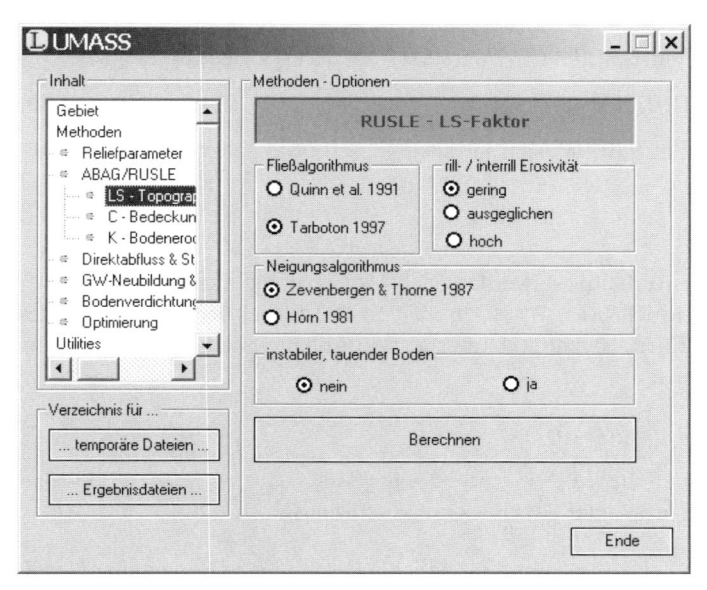

Abb. 12: Die Benutzeroberfläche RUSLE - LS-Faktor.

hang mit der Berücksichtigung abflussreduzierender oberirdischer Landschaftsstrukturmerkmale erlaubt die Vorgehensweise dadurch eine realistischere Abbildung räumlicher Erosionsprozesse sowohl auf Schlag- als auch auf Untersuchungsgebietsebene. In der Umsetzung führt die Kombination der genannten Methoden zu nachfolgend beschriebenen pixelbezogenen Berechnungsschritten des *LS*-Faktors.

Nach dem methodischen Ansatz von DESMET & GOVERS (1996, S. 428 f.) berechnet sich der *L*-Faktor zu:

$$L = \frac{(A+D^2)^{m+1} - A^{m+1}}{D^{m+2} * x^m * 22{,}13^m} \qquad (3.35)$$

mit A: Einzugsgebiet der Rasterzelle am Zelleinlass

D: Rasterzellenweite [m]

m: Hanglängenexponent

x: $\sin\alpha + \cos\alpha$ (mit α: Hangneigungsrichtung)

Der darin enthaltene Hanglängenexponent *m* berechnet sich in Abhängigkeit des Verhältnisses von Rillen- zu Zwischenrillenerosion β und der Hangneigung θ in Grad nach FOSTER ET AL. (1977) und MCCOOL ET AL. (1989) in RENARD ET AL. (1997, S. 105 f.) (vgl. auch Abbildung 12).

$$\beta = \begin{cases} \frac{1}{2} * \left((\sin\theta/0{,}0896)/\left[3*(\sin\theta)^{0{,}8}+0{,}56\right]\right) & \text{gering} \\ (\sin\theta/0{,}0896)/\left[3*(\sin\theta)^{0{,}8}+0{,}56\right] & \text{ausgeglichen} \\ 2*\left((\sin\theta/0{,}0896)/\left[3*(\sin\theta)^{0{,}8}+0{,}56\right]\right) & \text{hoch} \end{cases} \quad (3.36)$$

$$m = \frac{\beta}{1+\beta} \quad (3.37)$$

Instabile tauende Bodenverhältnisse werden nach MCCOOL ET AL. (1987) und MC-COOL ET AL. (1993) in RENARD ET AL. (1997, S. 107 f.) bei der Berechnung des Hangneigungsfaktors S berücksichtigt. Dieser wird in Abhängigkeit der Hangneigung s [%] wie folgt berechnet:

$$S = \begin{cases} 10{,}8*\sin\theta + 0{,}03 & s < 9\% \\ \begin{cases} (\sin\theta/0{,}0896)^{0{,}6} & \text{tauend u. instabil} \\ 16{,}8*\sin\theta - 0{,}5 & \text{sonstige Verhältnisse} \end{cases} & s \geq 9\% \end{cases} \quad (3.38)$$

MCCOOL ET AL. (1987) weisen daraufhin, dass die beschriebene Berechnung des S-Faktors nur für Hänge ab einer Länge von ca. 4,5 m gültig ist. Kürzere Hänge werden demnach nach einer modifizierten Formel berechnet, die nicht in LUMASS implementiert ist. Da in der heutigen Agrarlandschaft so gut wie keine Schläge mit Hanglängen kleiner als 4,5 m vorkommen, erscheint die dadurch erreichte erhebliche Vereinfachung des Berechungsganges durchaus angemessen.

Der LS-Faktor ergibt sich schließlich aus dem Produkt der Faktoren L und S und wird als Raster-Layer ls ausgegeben sowie automatisch in der Auswahlbox LS-Faktor des Dialogfeldes Allg. Bodenabtragsgleichung (ABAG) (s. Abbildung 11) ausgewählt.

Berechnung des K-Faktors

Die Erodibilität des Bodens, ausgedrückt als K-Faktor der ABAG, kann in LUMASS nach der hier als Standardberechnung bezeichneten Anleitung bei SCHWERTMANN ET AL. (1990) oder nach der als vereinfachte Berechnung gekennzeichneten Methode nach AG-BODEN (2000) abgeschätzt werden. Die Verfahren unterscheiden sich in ihren Datenanforderungen und können entweder über das in Abbildung 13 dargestellte Dialogfeld ABAG - K-Faktor oder aber über das Register Standortbezogene Bodendaten des Bodendatenkonfigurationsdialoges (Abbildung 7) aufgerufen werden.

Der K-Faktor [(t*h)/(ha*N)] nach SCHWERTMANN ET AL. (1990, S. 20) ergibt sich aus der folgenden empirischen Beziehung:

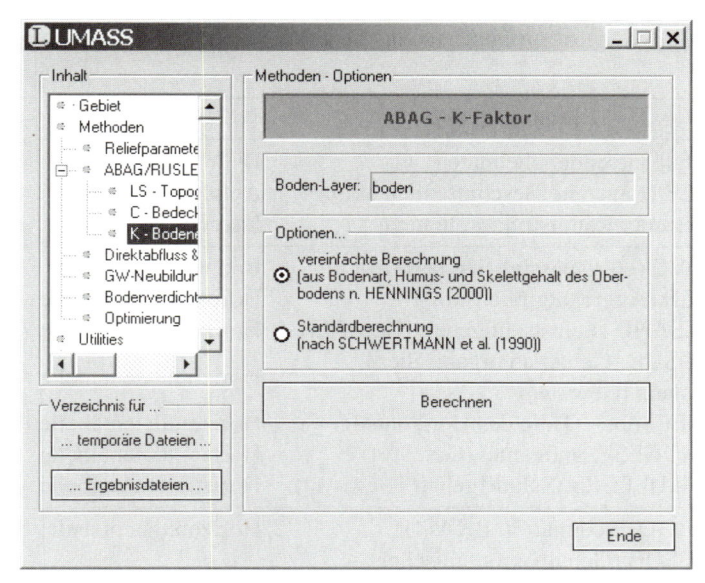

Abb. 13: Die Benutzeroberfläche ABAG - K-Faktor.

$$K = 2{,}77 * 10^{-6} * M^{1{,}14} * (12 - OS) + 0{,}043 * (A - 2) + 0{,}033 * (4 - D) \qquad (3.39)$$

mit M: (SCHLUFFGES + FSTSAND) * (SCHLUFFGES + SAND-GES);
[alle Größen in Gew.-%]

OS: Organische Substanz (ORGSUB [Gew.-%])

A: Aggregatklasse (Eingangsgröße: AGGR [mm], wird intern klassifiziert)

D: Durchlässigkeitsklasse (KFAVG)

(s. auch Kapitel Abkürzungen und Symbole, S. 130 ff.)

Bei der Anwendung der gegebenen Formel berücksichtigt LUMASS die bei SCHWERTMANN ET AL. genannten Gültigkeitsgrenzen. Liegt der Gehalt an SCHLUFFGES + FSTSAND des Oberbodens über 70 % oder der K-Faktor-Vorwert unter 0,16, wird den entsprechenden Böden der NODATA-Wert zugewiesen. Die Eingangsgrößen KFAVG und FSTAND können über das Register Standortbezogene Bodendaten des Bodendatenkonfigurationsdialoges nach der Anleitung bei SCHWERTMANN ET AL. ermittelt werden (vgl. Kapitel 3.4.7). Der ebendort mit Hilfe von Nomogrammen zusätzlich berücksichtigte Steinbedeckungsgrad des Bodens kann in die automatische Berechnung durch LUMASS nicht einbezogen werden, da hierfür keine explizite Berechnungsformel angegeben ist.

Tab. 6: Datenbedarf der Bodenerosionsabschätzung nach ABAG/RUSLE (vgl. Abbildung 5, S. 29).

Zielgröße	Eingangsgröße	Datenebene
LSFAKTOR	digitale Geländehöhendaten	DGM-Layer
	OVER (Lage und Beschaffenheit abflusswirksamer Raumstrukturelemente)	Abflusshinderniss-Layer
KFAKTOR Standardberechnung [(t*h)/(ha*N)]	KFAVG (Durchlässigkeitsklasse)	Boden-Layer
	AGGR (Aggregatgröße [mm])	Horizontdatentabelle
	FSTSAND (Feinstsandgehalt [Gew.-%])	Horizontdatentabelle
	ORGSUB (Gehalt an organischer Substanz [Gew.-%])	Horizontdatentabelle
	OTIEF (obere Tiefe des Horizonts [cm])	Horizontdatentabelle
	SANDGES (Sandgehalt [Gew.-%])	Horizontdatentabelle
	SCHLUFFGES (Schluffgehalt [Gew.-%])	Horizontdatentabelle
KFAKTOR vereinfachte Berechnung [(t*h)/(ha*N)]	HNBOD (Bodenart n. BKA-4)	Horizontdatentabelle
	ORGSUB (Gehalt an organischer Substanz [Gew.-%])	Horizontdatentabelle
	SKELETT (Bodenskelettanteil n. MDB-2)	Horizontdatentabelle
CFAKTOR	R-Faktoranteile	Hilfstabelle (rfak.dbf)
	relative Bodenabtragswerte	Hilfstabelle (rba.dbf)
	Kultur- und Entwicklungsperioden	Hilfstabelle (kultkal.dbf)
ERO Bodenabtrag [t/(Zelle*a)]	RFAKTOR	Raster- bzw. Landnutzungs-Layer
	LSFAKTOR	Raster- bzw. Landnutzungs-Layer
	KFAKTOR	Raster- bzw. Boden-Layer
	CFAKTOR	Raster- bzw. Landnutzungs-Layer
	PFAKTOR	Raster- bzw. Landnutzungs-Layer

Die alternativ wählbare Berechnungsvariante des K-Faktors stützt sich auf AG-BODEN (2000, VKR 5.10, S. 199), wobei von LUMASS der aggregierungs- und durchlässigkeitsabhängige Anteil des K-Faktors aufgrund des geringen Einflusses unberücksichtigt bleibt:

$$K = K_B * K_H * K_S \qquad (3.40)$$

mit K_B: bodenartenabhängiger Anteil nach VKR 5.5;
Eingangsgröße: HNBOD (n. BKA-4)

K_H: humusabhängiger Anteil nach VKR 5.6;
Eingangsgröße: ORGSUB [Gew.-%]

K_S: steinbedeckungsabhängiger Anteil nach VKR 5.9;
Eingangsgröße: SKELETT (n. MDB-2)

(s. auch Kapitel Abkürzungen und Symbole, S. 130 ff.)

Die Bestimmung der einzelnen Faktoren der Gleichung beruht auf den bei AG-BODEN beschriebenen Verknüpfungsregeln (VKR) und wird von LUMASS automatisch auf Grundlage der genannten Eingangsgrößen durchgeführt. Die VKR beruhen auf empirisch abgeleiteten Tabellen und können der zitierten Originalliteratur entnommen werden.

Berechnung des C-Faktors

Bodenbedeckung und -bearbeitung üben großen Einfluss auf das Erosionsgeschehen aus und stellen damit eine zentrale, anthropogen beeinflussbare Steuergröße in Bezug auf die Vermeidung bzw. Minimierung wasserbedingten Bodenabtrages dar. Um diesem Aspekt im Rahmen des Flächenmanagements Rechnung zu tragen, implementiert LUMASS das Verfahren zur Berechnung des Bodenbedeckungs- und Bearbeitungsfaktors der ABAG nach SCHWERTMANN ET AL. (1990). Dabei wurde das von HERZIG (1999) entwickelte Benutzerschnittstellenkonzept für die Berechnung des C-Faktors übernommen und im Rahmen der Entwicklung von LUMASS an die veränderten technischen Gegebenheiten angepasst und vollständig reprogrammiert.

Abbildung 14 zeigt die grafischen Benutzeroberflächen zur Konfiguration und Visualisierung der Fruchtfolge (b) u. c)) sowie die bei SCHWERTMANN ET AL. (1990, S. 47) beschriebene Fruchtfolgetabelle (a)) zur Berechnung des C-Faktors. Sie bildet die zentrale Grundlage für die Berechnung und Visualisierung und kann auf der Basis einer mindestens 3-jährigen Rotation über die Schaltfläche Neue Fruchtfolge... im dBASE®-Format angelegt werden. Der daraus resultierende, auf Standardeinstellungen basierende C-Faktor wird automatisch berechnet und unmittelbar angezeigt. Die detaillierte Konfiguration der Fruchtfolge wird mit Hilfe der grafisch-kalendarischen Darstellung (Fruchtfolgediagramm) vorgenommen. Dazu werden die jeweiligen Bearbeitungs- und Entwicklungsphasen der einzelnen Kulturen mit der Maus angewählt und die entsprechenden Einstellungen über die Formularelemente angepasst. Alle Veränderungen werden automatisch in den Benutzerschnittstellen reflektiert und der C-Faktor unmittelbar neu berechnet. Zur Erleichterung der Konfiguration kann die Darstellung des Fruchtfolgediagramms mit Hilfe des Mausrades skaliert, mit der Strg-Taste zentriert und mit der rechten Maustaste verschoben wer-

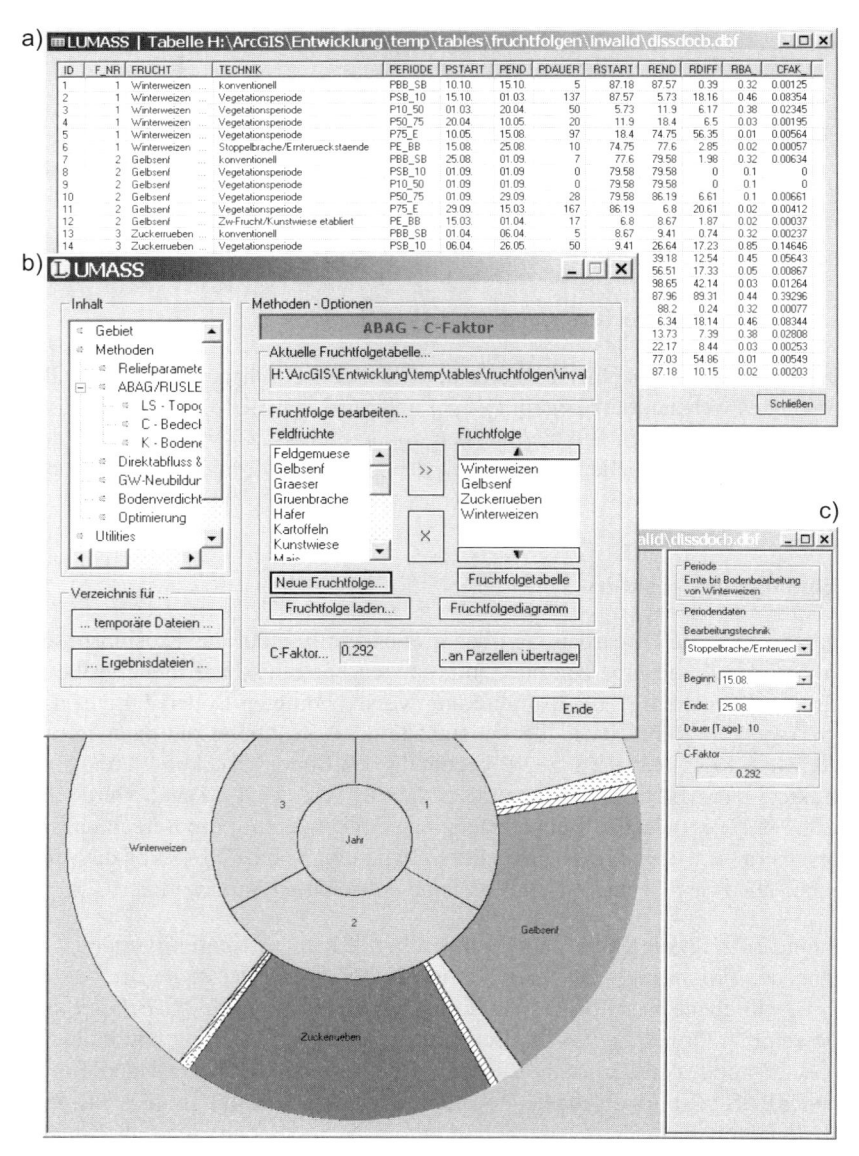

Abb. 14: Die LUMASS-Benutzerschnittstellen zur Konfiguration des Bearbeitungs- und Bedeckungsfaktors der ABAG: a) Tabellarische Übersichtsdarstellung der Fruchtfolge inkl. der Teil-C-Faktoren; b) Benutzeroberfläche ABAG - C-Faktor für die Erstellung von Fruchtfolgen; c) Grafisch-kalendarische Darstellung der Fruchtfolge zur Konfiguration der Bearbeitungstermine und -techniken.

den. Die jeweiligen Anpassungen und Auswirkungen auf die C-Faktorberechnung können anhand der Fruchtfolgetabelle nachvollzogen und überprüft werden. Mit Hilfe der Schaltfläche ... an Parzellen übertragen wird schließlich der C-Faktor der gewählten Rotation auf die selektierten Schläge des Landnutzungs-Layers übertragen.

Die zur Berechnung benötigten Grundlagendaten der in Tabelle 6 genannten Hilfstabellen, gelten in der implementierten Fassung für südniedersächsische Verhältnisse und können nicht ohne weiteres auf andere Regionen übertragen werden. Bei Vorliegen entsprechender Daten können allerdings die relevanten Tabellen im Installationsverzeichnis von LUMASS, mit Ausnahme der unterstützten Kulturarten, an die jeweiligen regionalen Gegebenheiten angepasst und so im Modul ABAG - C-Faktor verwendet werden.

3.4.4 Oberirdische Stofftransporte

Auf der Basis der in Kapitel 3.4.3 beschriebenen Berechnung der Bodenabtragswerte kann mit LUMASS der potenzielle Austrag von Sediment und partikulär gebundenem Phosphor aus Ackerparzellen abgeschätzt werden (s. Abbildung 10, S. 41).

Dem Verfahren liegt die einfache Annahme zugrunde, dass höhere Stoffausträge meist nicht in flächenhafter Form sondern bevorzugt an den Enden relief- oder bewirtschaftungsbedingter Leitbahnen auftreten (DUTTMANN 1999c). Sie werden hier als Schnittpunkte der reliefbedingten potenziellen oberirdischen Abflussbahnen mit den abflusswirksamen linearen Strukturelementen der Landschaft (vgl. Kapitel 3.4.1), wie z. B. Schlaggrenzen, Gräben, Straßen usw. interpretiert. Die Lokalisierung dieser potenziellen Austragsstellen wird auf der Basis des D∞-Fließalgorithmus nach TARBOTON (1997) durchgeführt, da er sich aufgrund seiner minimalen Abflussdivergenz sehr gut zur Abbildung realitätsnaher linienhafter Abflussbahnen eignet. Die Anzahl der auf diese Weise ermittelten potenziellen Austragsstellen entlang eines linearen Elements kann über die Angabe einer minimalen Einzugsgebietsgröße in m^2 beeinflusst und an wechselnde regionale Verhältnisse angepasst werden (s. Abbildung 10).

Die Quantifizierung der ausgetragenen Sedimentmenge E_S [t/a] basiert dabei auf der bei NEUFANG ET AL. (1989, S. 783) beschriebenen empirischen Beziehung:

$$E_S = SDR * A * G * 100 \qquad (3.41)$$

Darin kennzeichnet A den hier mit dem D∞-Fließalgorithmus im Austragspunkt akkumulierten Bodenabtrag in $t/(ha*a)$ des dahinterliegenden Einzugsgebietes der Größe G in km^2. Wieviel des erodierten Bodens tatsächlich zum Austrag kommt, wird mit Hilfe des dimensionslosen Sedimentanlieferungsverhältnisses SDR (*Sediment Delivery Ratio*) bestimmt. Es ist eine Funktion der Einzugsgebietsgröße und berücksich-

Tab. 7: Die von LUMASS benötigten Eingangsgrößen zur Abschätzung oberirdischer Sediment- und Phosphorausträge (vgl. Abbildung 5, S. 29).

Zielgröße	Eingangsgröße	Datenebene
SED Sedimentaustrag [t/a]	EZG (minimale Größe des Einzugsgebietes [m^2])	Formular
	ERO (Bodenabtrag [t/(Zelle*a)])	Formular (Raster-Layer)
	digitale Geländehöhendaten	DGM-Layer
	OVER (Lage und Beschaffenheit abflusswirksamer Raumstrukturelemente)	Abflusshinderniss-Layer
PHOS Phosphoraustrag [g/a]	wie SED, *zusätzlich:* USPCAL (CAL-Phosphorgehalt des Oberbodens [mg/kg])	Boden-Layer

tigt die mit dessen wachsender Größe relativ zunehmenden Retentionsflächen und die ebenfalls wachsende mittlere Entfernung zum Gewässer (NEUFANG ET AL. 1989, S. 785):

$$SDR = 0,385 * G^{-0,2} \tag{3.42}$$

Der Austrag partikulär gebundenen Phosphors kann dann auf der Basis des in Gleichung 3.41 ermittelten Sedimentaustrags E_S abgeschätzt werden. Gegenüber dem P-Gehalt des Oberbodens (PG [mg/kg], (CAL-P)) ist dieser im abgetragenen Bodenmaterial verstärkt angereichert, da er überwiegend an die hauptsächlich abgeschwemmten kleineren und leichteren Bodenbestandteile, wie Ton, Schluff, Feinstsand und organische Substanz gebunden ist. Daher wird ein empirischer P-Anreicherungsfaktor ER (*Enrichment Ratio*) in die Berechnung des P-Austrages E_P [g/a] einbezogen (NELSON & LOGAN, 1983 (Gl. 3.44) in NEUFANG ET AL., 1989, S. 785 (Gl. 3.43)):

$$ER = 2,53 * A^{-0,21} \tag{3.43}$$
$$E_P = E_S * PG * ER \tag{3.44}$$

Sowohl der Sediment- als auch der Phosphoraustrag wird als Raster-Layer ausgegeben und im Datenordner für Ergebnisdateien unter dem Namen sed bzw. phos gespeichert. Die jeweils zur Berechnung erforderlichen Eingangsdaten können Tabelle 7 entnommen werden.

3.4.5 Bodenwasserhaushalt

LUMASS verfügt über eine Reihe von Funktionen, mit deren Hilfe zentrale Kenngrößen des Bodenwasserhaushaltes auf der Grundlage empirischer Daten und Beziehungen abgeleitet werden können. Im Folgenden steht vor allem die Implementierung

Landschaftshaushaltliche Modellierung 55

derjenigen Größen im Vordergrund, deren Datenbedarf über bodenkundliche Parameter hinausgeht (vgl. Tabelle 8). Dies sind (i) die jährliche Grundwasserneubildung (GWNEU [mm]), (ii) die jährliche Austauschhäufigkeit des Bodenwassers (APB [%]) und (iii) die potenzielle Nitratkonzentration im Sickerwasser (NO3SW [mg/l]) (vgl. Abbildung 15). Alle übrigen Kenngrößen werden in Kapitel 3.4.7 ab Seite 62 behandelt.

Grundwasserneubildung

Die Abschätzung der Grundwasserneubildung beruht auf den bei AG-BODEN (2000) beschriebenen Verfahren nach RENGER & STREBEL (1980) und RENGER & WESSOLEK (1990). Danach wird die jährliche Grundwasserneubildung GWNEU [mm] auf der Basis langfristiger klimatischer Mittelwerte (SNS [mm], WNS [mm] u. ETPOT [mm]; s. Tabelle 8 u. Abbildung 15) mit Hilfe von nutzungsabhängigen Regressionsgleichungen berechnet (AG-BODEN 2000, S. 174 f.):

$$\text{GWNEU} = \begin{cases} 0{,}92 * \text{WNS} + 0{,}61 * \text{SNS} - 153 * \log(\text{WPFL}) \\ \quad - 0{,}12 * \text{ETPOT} + 109 \end{cases} \text{Ackerland} \\ \begin{cases} 0{,}90 * \text{WNS} + 0{,}51 * \text{SNS} - 286 * \log(\text{WPFL}) \\ \quad - 0{,}10 * \text{ETPOT} + 330 \end{cases} \text{Grünland} \\ \begin{cases} 0{,}71 * \text{WNS} + 0{,}67 * \text{SNS} - 166 * \log(\text{WPFL}) \\ \quad - 0{,}19 * \text{ETPOT} + 127 \end{cases} \text{Nadelwald} \\ \begin{cases} 0{,}935 * (\text{WNS} + \text{SNS}) - 0{,}02 * \text{ETPOT} \\ \quad - 430{,}1 \end{cases} \text{Laubwald} \quad (3.45)$$

Dabei quantifiziert WPFL [mm] das pflanzenverfügbare Bodenwasser, das intern aus den Eingangsgrößen NFKWE und KR nach Verknüpfungsregel (VKR) 4.3 in AG-BODEN (2000, S. 167) berechnet wird. Hierbei ist insbesondere die nutzungsabhängige Bestimmung der effektiven Durchwurzelungstiefe (WE) zu beachten, um eine konsistente Abschätzung zu gewährleisten (vgl. Kapitel 3.4.7). Weiterhin muss bei grundwasserbeeinflussten Standorten darauf geachtet werden, dass die intern nach VKR 1.17 (AG-BODEN 2000, S. 133) berechnete mittlere Dauer des kapillaren Aufstiegs, zur Abschätzung des WPFL, auf Getreide, Zuckerrüben und Intensivweide beschränkt ist. Um eine mögliche Überschätzung der Grundwasserneubildung bei davon abweichenden Nutzungsarten zu vermeiden, sollte in diesen Fällen die KR zur Ermittlung der Zielgröße GWNEU auf den NODATA-Wert oder auf 0 gesetzt werden. Hinsichtlich der klimatischen Eingangsdaten gilt, dass die mittleren Jahresniederschläge für landwirtschaftliche Nutzung einen Maximalwert von 800 *mm* und bei Forsten von 1300 *mm* nicht überschreiten dürfen. LUMASS überprüft bei der Berechnung die in der Benutzeroberfläche angegebenen Daten und weist bei Nichteinhaltung

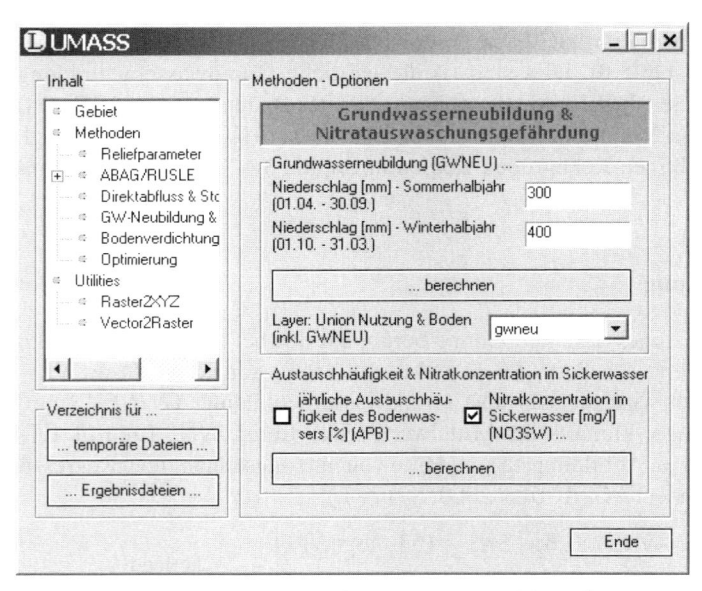

Abb. 15: Die Benutzeroberfläche Grundwasserneubildung & Nitratauswaschungsgefährdung.

der Grenzwerte automatisch den NODATA-Wert zu. Darüber hinaus gelten die Gleichungen nur für Standorte mit Hangneigungen kleiner 3,5%, was bei der Anwendung durch den Benutzer zu beachten ist.

Eine Zusammenfassung der benötigten Eingangsdaten und ihre Zuordnung zu den Datenebenen Boden und Landnutzung ist in Tabelle 8 nachzulesen. Aufgrund der natürlicherweise räumlich unterschiedlich ausgeprägten Landnutzungs- und Bodeneinheiten werden sie vor der Berechnung unter Anwendung von Standard-GIS-Funktionen intern verschnitten. Die Berechnung der Zielgröße erfolgt dementsprechend für die daraus resultierenden kleinsten gemeinsamen Geometrien. Die geschätzte Grundwasserneubildung wird schließlich im Datenfeld GWNEU des ebenfalls gwneu genannten Ausgabe-Layers gespeichert.

Austauschhäufigkeit des Bodenwassers und Nitratauswaschung

Die jährliche Austauschhäufigkeit des Bodenwassers APB sowie die mittlere potenzielle Nitratkonzentration des Sickerwassers NO3SW werden nach FELDWISCH ET AL. (1999, S. 49 ff.) abgeschätzt. Eine zentrale Eingangsgröße ist dabei die im vorigen Abschnitt behandelte Grundwasserneubildung. Wird diese nicht mit LUMASS berechnet, kann sie ebenfalls als externer Polygon-Feature-Class-Layer über die Benutzeroberfläche Grundwasserneubildung & Nitratauswaschungsgefährdung(s. Abbildung 15) angegeben werden. Das setzt voraus, dass die benötigten Eingangsgrößen (s. Tabelle 8) als Attribute des gewählten Layers verfügbar sind. Die jeweiligen Datenfeldnamen und NODATA-Werte müssen dabei mit den Einstellungen der entsprechenden Konfi-

Tab. 8: Kenngrößen des Bodenwasserhaushaltes und die von LUMASS benötigten Eingangsdaten (vgl. Abbildung 5, S. 29)

Zielgröße	Eingangsgröße	Datenebene
GWNEU Grundwasser-neubildung [mm/a]	WNS (Niederschlag im Winterhalbjahr [mm])	Formular
	SNS (Niederschlag im Sommerhalbjahr [mm])	Formular
	KULTUR (Landnutzungsklasse)	Landnutzungs-Layer
	ETPOT (potenzielle Evapotranspiration [mm])	Landnutzungs-Layer
	NFKWE (nutzbare Feldkapazität des effektiven Wurzelraumes [mm])	Boden-Layer
	KR (kapillare Aufstiegsrate [mm])	Boden-Layer
APB Austauschhäufig-keit des Boden-wassers [%]	GWNEU (Grundwasserneubildung [mm/a])	Formular
	NFKWE (nutzbare Feldkapazität des effektiven Wurzelraumes [mm])	Boden-Layer
NO3SW Nitratkonzen-tration im Sickerwasser [mg/l]	GWNEU (Grundwasserneubildung [mm/a])	Formular
	NBIL (Stickstoffflächenbilanz [kg(N)/(ha*a)])	Landnutzungs-Layer
	NFKWE (nutzbare Feldkapazität des effektiven Wurzelraumes [mm]) *optional:*	Boden-Layer
	NMINERAL (N-Mineralisation [kg(N)/(ha*a)])	Boden-Layer
	DENITRI (Denitrifikation [kg(N)/(ha*a)])	Boden-Layer
	NIMMOBIL (N-Immobilisation [kg(N)/(ha*a)])	Boden-Layer

gurationsdialoge (vgl. Kapitel 3.3 u. Abbildung 7, S. 31) übereinstimmen. Zusätzlich erwartet LUMASS die Existenz eines Datenfeldes GWNEU, das die Grundwasser-neubildungswerte enthält, wobei von einem Standard-NODATA-Wert von -999.99 ausgegangen wird.

Die Größe APB [%] ergibt sich aus dem Quotient der jährlichen Grundwasserneubil-dung GWNEU [mm/a] und der nutzbaren Feldkapazität des effektiven Wurzelraumes NFKWE [mm] (FELDWISCH ET AL. 1999, S. 49):

$$APB = \frac{GWNEU}{NFKWE} * 100 \qquad (3.46)$$

Sie gibt an, zu wieviel Prozent das Bodenwasser im Jahresdurchschnitt ausgetauscht wird und dient als Maß für die Auswaschungswahrscheinlichkeit des verlagerungsfähigen NO_3-Vorrats im Boden. In die Berechnung der mittleren potenziellen Nitratkonzentration im Sickerwasser NO3SW [mg/l] geht sie über den sogenannten Auswaschungsfaktor AF (Gl. 3.47) ein. Die Zielgröße (Gl. 3.48) wird schließlich auf der Basis der Stickstoffflächenbilanz NBIL [kg(N)/(ha*a)] je Schlag berechnet, wobei die Umrechung von Stickstoff zu Nitrat über den Faktor 4,43 erfolgt (FELDWISCH ET AL. 1999, S. 50):

$$AF = \begin{cases} APB/100 & APB < 100\% \\ 1 & APB \geq 100\% \end{cases} \quad (3.47)$$

$$NO3SW = \frac{(NBIL + NMINERAL - NIMMOBIL - DENITRI) * AF}{GWNEU * 4,43 * 100} \quad (3.48)$$

Die Angaben zur Stickstoffmineralisation NMINERAL [kg(N)/(ha*a)] und -immobilisation NIMMOBIL [kg(N)/(ha*a)] sowie zur Denitrifikation DENITRI [kg(N)/(ha*a)] sind optionale Eingangsgrößen und müssen nicht zwingend angegeben werden. Faustzahlen finden sich hierzu ebenfalls bei FELDWISCH ET AL. (1999, S. 53).

3.4.6 Bodenverdichtung

Für die Abschätzung der Bodenverdichtungsempfindlichkeit stellt LUMASS die aufeinander aufbauenden Funktionen (i) Profilbezogene Verdichtungsempfindlichkeit und (ii) Schlagbezogene mechanische Belastbarkeit (COMPAREA [%]) zur Verfügung (s. Abbildung 16). Sie beruhen auf der Anleitung zur Ermittlung der horizontspezifischen Festigkeit nach DVWK (1995) und werden im Folgenden in Bezug auf ihre Implementierung in LUMASS beschrieben.

Profilbezogene Verdichtungsempfindlichkeit

Die profilbezogene Verdichtungsempfindlichkeit beschreibt die aufgrund einer gegebenen mechanischen Auflast in Bezug auf eine definierte Auflastfläche entstehende Druckfortpflanzung innerhalb eines Bodenprofils unter Berücksichtigung der jeweiligen horizontspezifischen Eigenfestigkeiten. Sie kann zur Abschätzung der theoretisch maximal tolerierbaren Auflast, die noch keine irreversible plastische Verformung zur Folge hat, eingesetzt werden (vgl. Tabelle 9).

Für die Beurteilung der Verdichtungsempfindlichkeit eines kompletten Bodenprofils wird dabei jeweils an der Horizontobergrenze der Quotient PVSIG aus Eigenfestigkeit bzw. Vorbelastung PVVAL und herrschendem Bodendruck σ_i (s. Gleichung 3.49 u. Gleichung 3.50) gebildet. Dabei wird die Verdichtungsempfindlichkeit des Profils durch den kleinsten auftretenden Wert für PVSIG nach Tabelle 9 bestimmt (DVWK 1995).

Landschaftshaushaltliche Modellierung 59

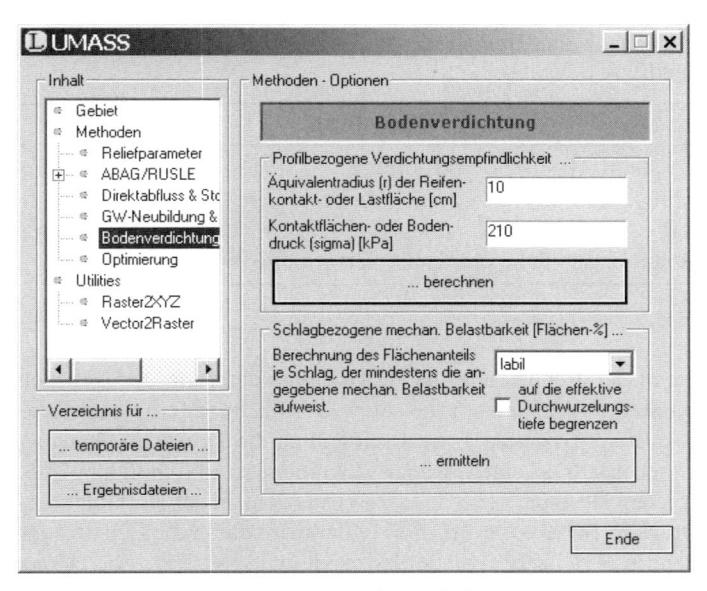

Abb. 16: Die Benutzeroberfläche Bodenverdichtung.

Die horizontspezifische Eigenfestigkeit (PVVAL) kann mit Hilfe des Bodendatenkonfigurationsdialoges über das Register Horizontbezogene Bodendaten - Seite 2 für eine Wasserspannung von pF = 1,8 berechnet werden. Dadurch werden insbesondere die kritischen Bedingungen bei Feldkapazität im Frühjahr erfasst. Die Ableitung der Vorbelastung beruht dabei auf verschiedenen multiplen Regressionsgleichungen (DVWK 1995, S. 6), die in Abhängigkeit von der Bodenart (HNBOD) zur Anwendung kommen. Darüber hinaus werden weitere zentrale bodenphysikalische Kennwerte, wie z. B. Scherwiderstandsparameter und Kenngrößen des Bodenwasserhaushalts einbezogen, die aus den in Tabelle 10 genannten Eingangsgrößen von LUMASS intern automatisch ermittelt werden. Die bei AG-BODEN (2000, S. 189) gegebenen bodenartenabhängigen Gültigkeitsgrenzen der Regressionsgleichungen in Bezug auf die Rohdichte und den Gehalt an organischer Substanz werden bei der Berechnung automatisch berücksichtigt. Bei der Anwendung ist zusätzlich darauf zu achten, dass die Methode für Anmoor- und Moorböden, sowie für Standorte mit einer Hangneigung $\geq 9\%$ keine validen Werte der Eigenfestigkeit liefert (AG-BODEN 2000, S. 22). LUMASS stellt während der Berechnung die in die Regressionsgleichungen einfließenden Parameter horizontweise in einem Report zusammen (s. Abbildung A 4, S. 141). Eventuell resultierende NODATA-Werte können auf diese Weise vom Anwender nachvollzogen und überprüft werden.

Für die Berechnung der Zielgröße PVSIG wird zusätzlich die unter Berücksichtigung der Bodenart, des Skelettgehalts und der Bodenfeuchte klassifizierte Vorbelastung PV-CLASS (vgl. Tabelle 10) benötigt. Sie kann ebenfalls mit Hilfe des Bodendatenkonfigurationsdialoges (Horizontbezogene Bodendaten - Seite 2) ermittelt und anhand eines Reports nachvollzogen werden (s. Abbildung A 5, S. 142).

Tab. 9: Die Bewertung mechanischer Bodenbelastungen mit Hilfe des Quotienten aus Vorbelastung und Bodendruck (PVSIG).

PVSIG	Bewertung
> 1,5	sehr stabil, elastische Verformung
1,5 - 1,2	stabil
1,2 - 0,8	labil
< 0,8	instabil, zusätzliche plastische Verformung bis hin zu fließend

Quelle: DVWK 1995, S. 11.

Auf der Grundlage der in der Benutzeroberfläche Bodenverdichtung angegebenen Parameter Äquivalentradius der Reifenkontakt- oder Lastfläche (r [cm]) und Kontaktflächen- oder Bodendruck (σ_O [kPa]), wird schließlich die Druckfortpflanzung im Profil berechnet und ebenfalls in einem Report dokumentiert (s. Abbildung A 6, S. 143). Dabei wird für jeden Horizont i ($i = 1, 2, \ldots, n$) aus dem an der Horizontobergrenze herrschenden Druck σ_i [kPa] ($\sigma_i = \{\sigma_O | i = 1\}$) der nicht durch die Eigenfestigkeit kompensierte Bodendruck σ_{i+1} [kPa] an der Horizontuntergrenze Z_{i+1} berechnet (DVWK 1995, S. 8):

$$\sigma_{i+1} = \sigma_i \left(1 - \frac{1}{\sqrt{\left[\left(\frac{r}{Z_{i+1}}\right)^2 + 1\right]^{vk}}} \right) \tag{3.49}$$

Darin kennzeichnet Z_i [cm] die obere Tiefe (OTIEF) des aktuellen Horizonts i und vk einen Konzentrationsfaktor, der die Druckäquipotenziale im Boden beschreibt. Letzterer wird intern horizontspezifisch ermittelt und ergibt sich aus Bodenart, Äquivalentdurchmesser, Bodendruck und Vorbelastung. Er führt bei wachsender Auflastfläche und konstantem Druck zu einer Fortpflanzung des Bodendrucks in größere Tiefen. Der horizontspezifische Quotient $PVSIG_i$ ergibt sich schließlich unter Berücksichtigung von Gleichung 3.49 zu:

$$PVSIG_i = \frac{PVVAL_i}{\sigma_i} \tag{3.50}$$

Anhand Tabelle 9 und der Quotienten $PVSIG_i$, die in der Horizontdatentabelle gespeichert werden (vgl. Abbildung 5, S. 29), kann nun beurteilt werden, ob und in welcher Bodentiefe eine irreversible Verformung im Profil infolge der gegebenen Auflastfläche und der auf sie wirkenden Auflast eintritt.

Landschaftshaushaltliche Modellierung 61

Tab. 10: Datenbedarf der Kenngrößen zur Beurteilung der horizontspezifischen und schlagbezogenen Bodenverdichtung (vgl. Abbildung 5, S. 29).

Zielgröße	Eingangsgröße	Datenebene
PVVAL horizontspezifische Eigenfestigkeit [kPa]	HNBOD (Bodenart nach BKA-4)	Horizontdatentabelle
	GEFUEGE (Gefügeform nach BKA-4)	Horizontdatentabelle
	KF (gesättigte Wasserleitfähigkeit [cm/d])	Horizontdatentabelle
	LGDI (effektive Lagerungsdichte [g/cm^3])	Horizontdatentabelle
	ORGSUB (Gehalt organischer Substanz [Gew.-%])	Horizontdatentabelle
	TON (Tongehalt [Gew.-%])	Horizontdatentabelle
PVCLASS Klasse der Eigenfestigkeit n. DVWK	PVVAL (horizontspezifische Eigenfestigkeit [kPa])	Horizontdatentabelle
	FEUSTUFE (aktuelle Bodenfeuchte n. BKA-4)	Horizontdatentabelle
	HNBOD (Bodenart nach BKA-4)	Horizontdatentabelle
	SKELETT (Skelettgehalt n. MDB-2)	Horizontdatentabelle
PVSIG Quotient aus Eigenfestigkeit und Bodendruck	KONFL (Äquivalentradius r der Kontaktfläche [cm])	Formular
	PRES (Kontaktflächendruck σ_O [kPa])	Formular
	PVVAL (horizontspezifische Eigenfestigkeit [kPa])	Horizontdatentabelle
	PVCLASS (Klasse der Eigenfestigkeit n. DVWK)	Horizontdatentabelle
	FEUSTUFE (aktuelle Bodenfeuchte n. BKA-4)	Horizontdatentabelle
	HNBOD (Bodenart nach BKA-4)	Horizontdatentabelle
	OTIEF (obere Tiefe des Horizonts [cm])	Horizontdatentabelle
	UTIEF (untere Tiefe des Horizonts [cm])	Horizontdatentabelle
COMPAREA schlagbezogene mechan. Belastbarkeit [%]	PVSIG (s. o.)	Horizontdatentabelle
	PARZID (eindeutige Schlag-ID)	Landnutzungs-Layer
	optional: WE (effektive Durchwurzelungstiefe [dm])	Boden-Layer

Schlagbezogene mechanische Belastbarkeit

Für die Durchführung eines schlagbezogenen Landmanagements ist die Abschätzung der profilbezogenen Verdichtungsempfindlichkeit nur von begrenztem Nutzen, da sich die landwirtschaftliche Bewirtschaftung in aller Regel auf Schläge und nicht auf Bodeneinheiten bezieht. Deshalb stellt LUMASS zusätzlich die Funktion Schlagbezogene mechanische Belastbarkeit zur Verfügung (s. Abbildung 16). Sie ermittelt auf der Grundlage der im vorigen Abschnitt beschriebenen profilbezogenen Verdichtungsempfindlichkeit den prozentualen Flächenanteil eines Schlages, der mindestens eine benutzerdefinierte mechanische Belastbarkeit aufweist (vgl. Tabelle 9 u. Abbildung 16). Im Zuge des Flächenmanagements können auf dieser Grundlage Handlungsempfehlungen zur bodenstruktur- und gefügeschonenden Schlagbewirtschaftung erarbeitet werden.

Zur Berechnung der schlagbezogenen mechanischen Belastbarkeit (COMPAREA) werden die Layer Landnutzung und Boden intern verschnitten und die jeweils innerhalb eines Schlages der Fläche A_S liegenden Teilflächen A_B der Bodeneinheiten anhand der ihnen zugeordneten Profile (vgl. Kapitel 3.3) auf ihre Verdichtungsempfindlichkeit hin überprüft. Da sich der Bodendruck naturgemäß von der Oberfläche her durch das Profil fortpflanzt und aus landwirtschftlicher Sicht insbesondere der Bodenbereich innerhalb der effektiven Durchwurzelungstiefe (WE) von besonderem Interesse ist, besteht die Möglichkeit die Überprüfung der Verdichtungsempfindlichkeit bzw. der mechanischen Belastbarkeit auf die WE zu begrenzen (s. Abbildung 16). Die n Teilflächen A_B, die dabei mindestens die benutzerdefinierte Belastbarkeit aufweisen, bestimmen schließlich die Zielgröße COMPAREA [%], die als Attribut des Landnutzungs-Layers gespeichert wird (vgl. Abbildung 5, S. 29):

$$\text{COMPAREA} = \frac{\sum_{i=1}^{n} A_{B_i}}{A_S} * 100 \tag{3.51}$$

3.4.7 Bodenkundliche Parameter

LUMASS berechnet verschiedene bodenkundliche Kenngrößen, die in den beschriebenen Modellen und Methoden als Eingangsgrößen benötigt werden. Sie werden gemäß der in Kapitel 3.3 beschriebenen Datenstruktur von LUMASS in standort- und horizontbezogene Größen unterteilt. Die entsprechende Zuordnung zu den jeweiligen Datenebenen kann anhand Abbildung 5 nachvollzogen werden. Tabelle 11 und 12 fassen die mit LUMASS berechenbaren Bodendaten und die benötigten Eingangsgrößen zusammen.

In den folgenden Abschnitten wird die in LUMASS implementierte Ableitung derjenigen Kenngrößen behandelt, die von zentraler ökologischer Bedeutung sind und deren Bestimmung nicht bereits im Zusammenhang mit den Prozessmodellen behandelt worden ist.

Tab. 11: Datenbedarf zur Abschätzung horizontbezogener Bodenparameter (vgl. Abbildung 5, S. 29).

Zielgröße	Eingangsgröße	Datenebene
FSTSAND Feinstsandgehalt [Gew.-%]	FSAND (Feinsandgehalt [Gew.-%])	Horizontdatentabelle
	MSAND (Mittelsandgehalt [Gew.-%])	Horizontdatentabelle
HORZNR lfd. Nr. d. Horizonts	UTIEF (untere Tiefe des Horizonts [cm])	Horizontdatentabelle
NFK nutzbare Feldkapazität [mm]	HNBOD (Bodenart n. BKA-4)	Horizontdatentabelle
	LGDI (effektive Lagerungsdichte [g/cm^3])	Horizontdatentabelle
	ORGSUB (Gehalt organischer Substanz [Gew.-%])	Horizontdatentabelle
	OTIEF (obere Tiefe des Horizonts [cm])	Horizontdatentabelle
	UTIEF (untere Tiefe des Horizonts [cm])	Horizontdatentabelle
LK Luftkapazität [mm]	siehe NFK	
TW Totwasser [mm]	siehe NFK	

Nutzbare Feldkapazität, Luftkapazität und Totwasser

Die nutzbare Feldkapazität NFK [mm], die Luftkapazität LK [mm] und das Totwasser TW [mm] sind zentrale bodenkundliche Kenngrößen, die LUMASS anhand der Verknüpfungsregel (VKR) 1.11 in AG-BODEN (2000, S. 113 ff.) bestimmt. Die Ableitung der Kenngrößen basiert dabei auf den Angaben zur Bodenart (HNBOD) und zur effektiven Lagerungsdichte (LGDI) und wird über das Register Horizontbezogene Bodendaten - Seite 2 des Bodendatenkonfigurationsdialoges vorgenommen. Sie dienen hier im Wesentlichen als Eingangsgrößen für weitere ökologisch relevante Kenngrößen, wie z. B. der nutzbaren Feldkapazität des effektiven Wurzelraumes oder der mechanischen Belastbarkeit nach der Vorbelastung (vgl. Abbildung 5, S. 29 u. Tabelle 11). Zur leichteren Interpretation und Auswertung der horizontspezifisch ermittelten Werte, werden die in *mm/dm* bzw. Vol.-% gegebenen Werte von LUMASS automatisch auf die jeweilige Horizontmächtigkeit bezogen, bevor sie in den entsprechenden Datenfeldern der Horizontdatentabelle gespeichert werden. Sie erhalten damit die Dimension *mm/Horizont*.

Gesättigte Wasserleitfähigkeit

Die gesättigte Wasserleitfähigkeit KF [cm/d] ist ein horizontspezifischer Parameter, der die Wasserwegsamkeit (Durchlässigkeit) des Bodens im wassergesättigten Zustand kennzeichnet. Er ist insbesondere für die Beurteilung von Stau- und Haftnässe sowie der Erosionsgefährdung, Dränwirksamkeit und von Filtereigenschaften wichtig (AG-BODEN 2005). Der KF-Wert kann in LUMASS über das Register Horizontbezogene Bodenaten - Seite 2 des Bodendatenkonfigurationsdialoges anhand der in AG-BODEN (2000, VKR 1.12, S. 122 ff.) gegebenen Tabelle abgeschätzt werden. Als Eingangsdaten benötigt LUMASS das Horizontsymbol (HORIZ), die Bodenart (HNBOD) und die effektive Lagerungsdichte (LGDI). Die nach AG-BODEN (2000) erforderliche Klasseneinteilung der Lagerungsdichte wird dabei von LUMASS nach AG-BODEN (1994, S. 126) automatisch vorgenommen.

Effektive Durchwurzelungstiefe

Die Ausschöpftiefe pflanzenverfügbaren Bodenwassers durch einjährige landwirtschaftliche Nutzpflanzen wird durch die effektive Durchwurzelungstiefe (WE [dm]) gekennzeichnet (AG-BODEN 1994). Sie ist damit ein wichtiger ökologischer Standortfaktor und wird zur Ableitung weiterer zentraler Bodenparameter benötigt (z. B. NFKWE). Die Bestimmung der WE wird in LUMASS nach der bei AG-BODEN (2000, VKR 1.1, S. 93 ff.) beschriebenen Anleitung durchgeführt. Sie basiert auf Grundwerten nach AG-BODEN (1994) und bezieht zur Berücksichtigung geschichteter Bodenprofile bodentypologische Besonderheiten mit ein. Die hier implementierte Funktion weicht aus anwendungspraktischen Gründen in den folgenden Punkten davon ab:

- Die Bestimmung der WE für Festgestein und Festgesteinsersatz wird nicht unterstützt,
- bei Podsolen wird von Verfestigungsgrad 1-3 (Orterde) ausgegangen: WE = Obergrenze Bhs + 2 dm ,
- kann bei geschichteten Profilen für den obersten Horizont kein valider Wert für die WE ermittelt werden, wird dem gesamten Profil der NODATA-Wert zugewiesen,
- kann bei geschichteten Profilen für einen tieferen Horizont kein valider Wert für die WE ermittelt werden, wird die WE des Standortes nur unter Berücksichtigung der „validen Horizonte" ermittelt,
- die Anwendung der bodenartenabhängigen Grundwerte nach AG-BODEN (2000, S. 94) wird auf Mineralböden mit einem Gehalt von < 15 % organischer Substanz ausgedehnt. Es kann deswegen je nach Bodenart und effektiver Lagerungsdichte zu einer Unter- bzw. Überschätzung der WE kommen, wenn der Gehalt an organischer Substanz zwischen 1 % und 15 % beträgt.

Bei der Bestimmung der WE muss berücksichtigt werden, dass sie sich lediglich auf einjährige landwirtschaftliche Nutzpflanzen bezieht. Da LUMASS zu deren Ablei-

Landschaftshaushaltliche Modellierung 65

tung ausschließlich bodenkundliche Parameter verwendet (vgl. Tabelle 12), müssen die ermittelten Werte für Wald- und Grünlandstandorte anschließend manuell angepasst werden. Dazu werden die Werte für Wald um +20 % und die für Grünland um -10 % korrigiert (AG-BODEN 1994, S. 311). Aufgrund der Komplexität des Verfahrens und der zusätzlichen Modifikationen, erstellt LUMASS einen Report (s. Abbildung A 7, S. 144), der es dem Anwender erlaubt die durchgeführten Arbeitsschritte detailliert nachzuvollziehen. Auf diese Weise können unplausible Werte, die z. B. aufgrund unvollständiger Daten entstehen können, bei entsprechender Gebietskenntnis manuell ausgeglichen werden.

Nutzbare Feldkapazität des effektiven Wurzelraumes

Die nutzbare Feldkapazität des effektiven Wurzelraumes (NFKWE [mm]) ist ein wesentlicher Bodenwasserhaushaltsparameter zur Beurteilung der Eignung eines Bodens als Standort landwirtschaftlicher Nutzpflanzen. Er wird in LUMASS über den Bodendatenkonfigurationsdialog Standortbezogene Bodendaten abgeleitet und ist die Summe der horizontspezifischen nutzbaren Feldkapazitäten NFK [mm] innerhalb der effektiven Durchwurzelungstiefe WE [dm] (AG-BODEN 2000, VKR 4.1, S. 165):

$$\text{NFKWE} = \sum_0^{\text{WE}} \text{NFK} \qquad (3.52)$$

Auch hier fasst LUMASS die durchgeführten Berechnungen für die jeweiligen Bodeneinheiten in einem Report zusammen und stellt ihn dem Anwender zum Zwecke der Überprüfung zur Verfügung (s. Abbildung A 8, S. 145).

Mittlere kapillare Aufstiegsrate

Unter der mittleren kapillaren Aufstiegsrate KR [mm/d] wird hier diejenige Wassermenge verstanden, die aufgrund von Bodenart und Lagerungsdichte bei einer Wasserspannung von $\approx 70\,\%$ der NFK, an der Untergrenze der WE, aus dem Grundwasser in den effektiv durchwurzelbaren Bereich des Bodens (WE) aufsteigt (vgl. AG-BODEN 2005). Sie wird anhand der bei AG-BODEN (2000, VKR 1.16, S. 130 ff.) gegebenen Anleitung und den tabellarischen Daten mit Hilfe des Registers Standortbezogene Bodendaten des Bodendatenkonfigurationsdialoges ermittelt. Dazu wird der Abstand za [dm] zwischen der Grundwasseroberfläche zg [dm], die der Obergrenze des Gr-Horizonts oder alternativ dem mittleren Grundwassertiefstand MNGW entspricht, und der Untergrenze der WE bestimmt.

$$za = zg - \text{WE} \qquad (3.53)$$

Tab. 12: Datenbedarf zur Abschätzung standortbezogener Bodenparameter (vgl. Abbildung 5, S. 29).

Zielgröße	Eingangsgröße	Datenebene
KFAKTOR Erodibilität des Bodens [(t*h)/(ha*N)]	siehe Tabelle 6, S. 50	
KFAVG Durchlässigkeitsklasse nach ABAG	HORZNR (Horizontnummer (lfd. Nr.))	Horizontdatentabelle
	KF (gesättigte Wasserleitfähigkeit [cm/d])	Horizontdatentabelle
	UTIEF (untere Tiefe des Horizonts [cm])	Horizontdatentabelle
KR mittlere kapillare Aufstiegsrate [mm/d]	HNBOD (Bodenart n. BKA-4)	Horizontdatentabelle
	HORIZ (Horizontsymbol n. BKA-4)	Horizontdatentabelle
	LGDI (effektive Lagerungsdichte [g/cm^3])	Horizontdatentabelle
	MNGW (mittlerer Grundwassertiefstand [cm])	Boden-Layer
	OTIEF (obere Tiefe des Horizonts [cm])	Horizontdatentabelle
	UTIEF (untere Tiefe des Horizonts [cm])	Horizontdatentabelle
	WE (effektive Durchwurzelungstiefe [dm])	Boden-Layer
NFKWE nutzbare Feldkapazität des effektiven Wurzelraumes [mm]	NFK (nutzbare Feldkapazität [mm])	Horizontdatentabelle
	OTIEF (obere Tiefe des Horizonts [cm])	Horizontdatentabelle
	UTIEF (untere Tiefe des Horizonts [cm])	Horizontdatentabelle
	WE (effektive Durchwurzelungstiefe [dm])	Boden-Layer
WE effektive Durchwurzelungstiefe [dm]	HNBOD (Bodenart n. BKA-4)	Horizontdatentabelle
	HORIZ (Horizontsymbol n. BKA-4)	Horizontdatentabelle
	LGDI (effektive Lagerungsdichte [g/cm^3])	Horizontdatentabelle
	ORGSUB (Gehalt organischer Substanz [Gew.-%])	Horizontdatentabelle
	OTIEF (obere Tiefe des Horizonts [cm])	Horizontdatentabelle
	UTIEF (untere Tiefe des Horizonts [cm])	Horizontdatentabelle

Die notwendigen Umrechnungen der in Tabelle 12 für die Eingangsgrößen genannten Einheiten werden dabei von LUMASS automatisch durchgeführt. Die KR wird schließlich anhand der gegebenen Tabelle in Abhängigkeit von *za*, der Bodenart (HNBOD) und der Lagerungsdichteklasse (Eingangsgröße: LGDI) bestimmt. Die ebendort teilweise aufgeführten Größer-kleiner-Relationen bleiben dabei unberücksichtigt. Da unter natürlichen Bedingungen *zg* und WE nicht zwingend innerhalb eines Horizonts liegen, wurde die Methode für die automatisierte Berechnung auf der Basis der gegebenen Daten wie folgt erweitert:

Treten innerhalb von *za* Horizontwechsel auf, wird die KR durch einen gewichteten Mittelwert geschätzt:

$$\text{KR} = \sum_{i=1}^{n} \frac{za_i}{za} * \text{KR}_i \qquad (3.54)$$

Darin beschreibt n die Anzahl der Schichten innerhalb von *za*; za_i kennzeichnet dementsprechend die Mächtigkeit der Schicht i und KR_i die daraus abgeleitete kapillare Aufstiegsrate innerhalb der Schicht i. Da hierbei mögliche Wechselwirkungen unterschiedlicher KR_i, in Abhängigkeit von der jeweiligen Schichtung, unberücksichtigt bleiben, kann diese Vorgehensweise nur als grobe Behelfslösung angesehen werden. Für den Anwender besteht deshalb die Möglichkeit, die für die jeweiligen Bodeneinheiten ermittelten kapillaren Aufstiegsraten, anhand eines detaillierten Reports zu überprüfen (s. Abbildung A 9, S. 146).

3.5 Räumliche multikriterielle Entscheidungsunterstützung

Ein zentraler Bestandteil des vorgestellten Landnutzungsmanagementsystems ist die Entscheidungsunterstützungskomponente (vgl. Kapitel 2.2) zur Generierung eines optimalen Landnutzungsmusters. Dabei können neben den mit Hilfe von LUMASS modellierbaren ökologischen Kriterien (vgl. Kapitel 3.4) beliebige weitere Kriterien und zusätzliche Nebenbedingungen berücksichtigt werden. Die Lösung des Optimierungsproblems erfolgt mit Methoden der *linearen mathematischen Programmierung* (LP), die durch die Anbindung des *Open Source Mixed-Integer Linear Programming Systems* lp_solve (BERKELAAR ET AL. 2004) in das Managementsystem LUMASS integriert werden. Sie gehören zu den Methoden des Multicriteria Decision Making (MCDM) (vgl. STEUER 1986), die in Bezug auf ihre räumliche Anwendung auszugsweise im folgenden Kapitel (3.5.1) vorgestellt werden. Darauf aufbauend behandelt Kapitel 3.5.2 die konkrete Implementierung der LP mit Hilfe der Softwarebibliothek lp_solve. Im Mittelpunkt steht dabei die Abbildung raumbezogener Allokationsprobleme mit der LUMASS-Benutzeroberfläche Multiobjective Optimization sowie die automatische kartographische Darstellung der Ergebnisse im GIS.

3.5.1 Allgemeine Grundlagen

Das Themenfeld des MCDM behandelt grundsätzlich Methoden und Verfahren zur formalen Integration unterschiedlicher Kriterien in analytische (Entscheidungs-) Prozesse (STEUER 1986). Dabei werden zwei Kategorien unterschieden, die sich hauptsächlich hinsichtlich ihres Einsatzbereiches (die Art des Problems) und der verwendeten Methodik unterscheiden (vgl. JANKOWSKI 1995; MALCZEWSKI 1999a; EASTMAN 2003) (vgl. Tabelle 13): (i) *Multiattribute Decision Making* (MADM) und (ii) *Multiobjective Decision Making* (MODM).

Multiattribute Decision Making (MADM)

Im Rahmen der hier betrachteten räumlichen Entscheidungsprozesse werden MADM-Methoden vergleichsweise häufig eingesetzt. Sie lassen sich je nach Methode (*Entscheidungsregel*) insbesondere in rasterbasierten GIS mit Hilfe von Standard-Funktionen, Overlay-Funktionen und Kartenalgebra relativ leicht implementieren (MALCZEWSKI 1999a; EASTMAN 2003). Ihr Haupteinsatzfeld liegt in der Auswahl / Identifikation optimaler Standorte bzw. Regionen unter Berücksichtigung verschiedener Kriterien. JOERIN & MUSY (2000) beschreiben beispielsweise die Ausweisung einer optimalen Fläche für die Anlage eines Wohngebietes unter Berücksichtigung von Umweltverträglichkeit, Luftqualität, Lärmbelästigung, Erreichbarkeit und weiterer Kriterien. ROBINSON ET AL. (2002) zeigen die Identifikation von Regionen für die effiziente Bekämpfung der Schlafkrankheit unter Berücksichtigung von u. a. Viehdichte, Bevölkerungsdichte und Landnutzungsintensität.

Zum Verständnis der MADM-Methoden und zur anschaulichen Abgrenzung gegenüber den MODM-Methoden wird das grundlegende Prinzip anhand eines fiktiven Beispiels kurz vorgestellt (s. Abbildung 17). Eine ausführlichere Darstellung wichtiger MADM-Methoden zur Lösung räumlicher Entscheidungsprobleme, einschließlich der Diskussion ihrer Vor- und Nachteile und den Schwierigkeiten bei ihrer Anwendung, liefern JANKOWSKI (1995) und MALCZEWSKI (1999a).

Abbildung 17 zeigt die wesentlichen Arbeitsschritte bei der Anwendung der sog. *gewichteten linearen Kombination* (weighted linear combination, WLC) bzw. *einfachen additiven Gewichtung* (simple additive weighting, SAW) in Anlehnung an MALCZEWSKI (1999a, S. 203). Sie wird aufgrund ihrer einfachen Umsetzbarkeit häufig im Rahmen GIS-gestützter Entscheidungsprozesse verwendet. Eine detaillierte Diskussion in Bezug auf ihre allgemeine Anwendung und der *Best Practice* führt MALCZEWSKI (2000). Das Ziel der vorgestellten Beispielanalyse besteht in der Auswahl des günstigsten Standorts für die Wohnbebauung innerhalb eines größeren Untersuchungsraumes. Dazu werden die durch die einzelnen Rasterzellen repräsentierten räumlichen Alternativen F_i ($i = 1, 2, \ldots, m$) unter Berücksichtigung der in Form einzelner Raster-Layer gegebenen Kriterien K_j ($j = 1, 2, \ldots, n$) (hier: Baukosten und Wohnqualität) und den ihnen zugeordneten Gewichten λ_j, $\lambda_j \geq 0$ und $\sum \lambda_j = 1$, unter Anwendung der folgenden Entscheidungsregel bewertet:

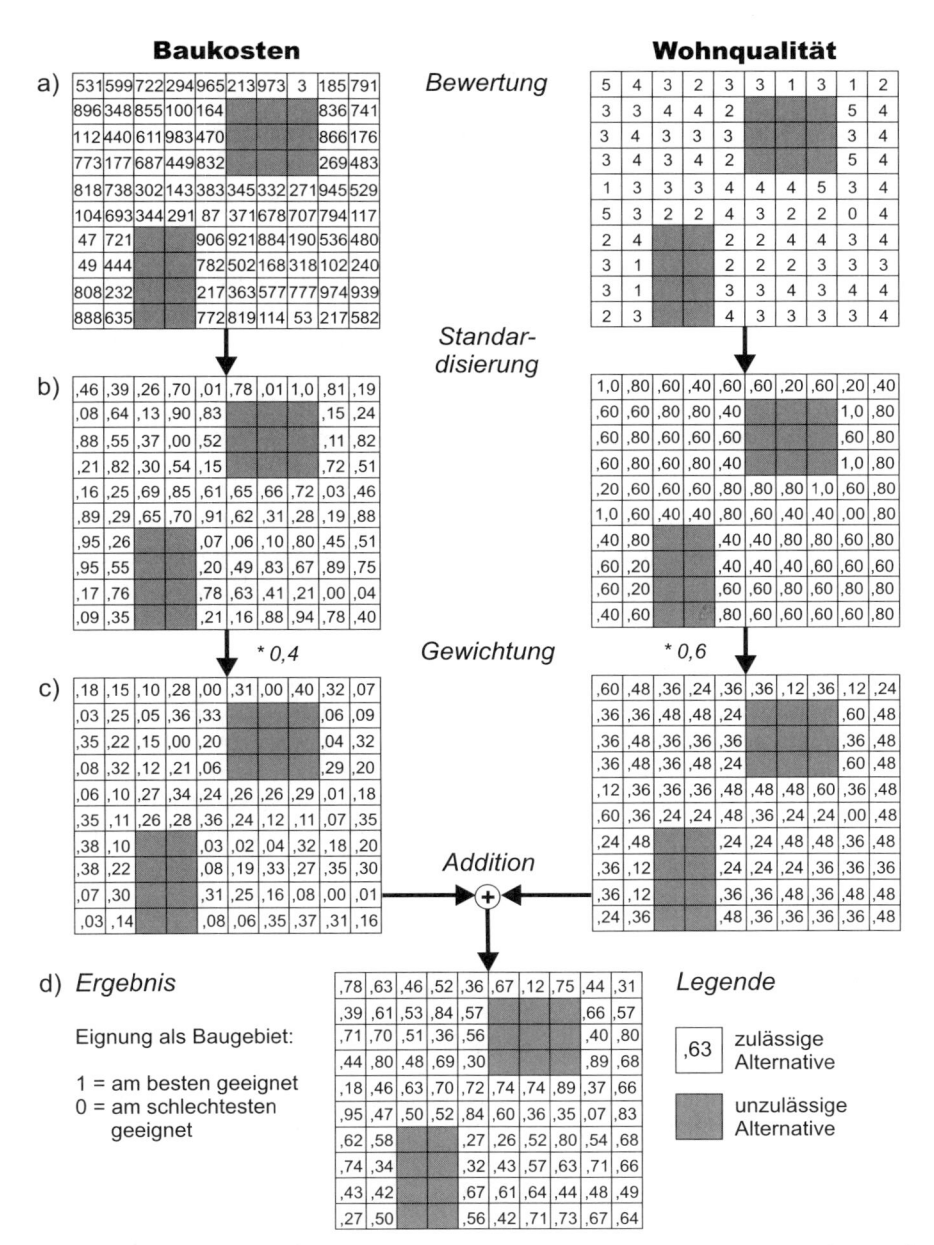

Abb. 17: Die gewichtete lineare Kombination (weighted linear combination, WLC) bzw. einfache additive Gewichtung (simple additive weighting, SAW) als ein Beispiel für Multiattribute Decision Making (MADM).
Quelle: nach MALCZEWSKI 1999a, S. 203.

$$S_i = \sum_{j=1}^{n} \lambda_j x_{ij} \qquad (3.55)$$

Dabei wird x_{ij} als *Entscheidungsvariable* bezeichnet und kennzeichnet die ggf. standardisierte und gewichtete (s. b) u. c)) Bewertung der Alternative F_i in Bezug auf das Kriterium K_j. Je größer der Wert (Score) von S_i, desto günstiger ist der Standort unter den gegebenen Kriterien für die Bebauung geeignet.

a) Ausgangsbasis der Analyse ist die getrennte Bewertung der räumlichen Alternativen F_i in Bezug auf die gegebenen Kriterien K_j (Baukosten: in 10000 €; Wohnqualität: konstruierte Skala, je höher der Wert, desto größer die Wohnqualität). Aufgrund der Bewertung und/oder zusätzlicher Nebenbedingungen (z. B. Bauauflagen), wird eine Vorauswahl der überhaupt in Frage kommenden Alternativen getroffen. Die grauen Rasterzellen kennzeichnen die Regionen, in denen eine Bebauung ausgeschlossen ist.

b) Die Kriterienbewertungen (-Layer) werden im nächsten Arbeitsschritt standardisiert, um eine unbeabsichtige Gewichtung aufgrund der unterschiedlichen Bewertungsskalen durch die abschließende Addition (s. d)) zu vermeiden. Dabei ist darauf zu achten, dass die Standardisierung nur auf der Grundlage der zulässigen Alternativen durchgeführt wird, da ja auch nur unter ihnen nach günstigen Standorten gesucht wird. Eine Standardisierung auf der Grundlage aller Rasterzellen kann letztlich die Gesamtbewertung der zulässigen Lösungen beeinflussen und evtl. zu falschen Ergebnissen führen (MALCZEWSKI 2000). In dem vorgestellten Beispiel werden je nach Art des Kriteriums (Kosten- bzw. Nutzenkriterium, s. Gl. 3.57 bzw. 3.56) unterschiedliche Standardisierungsverfahren angewendet (vgl. CARVER, 1991; JANSSEN, 1996; MALCZEWSKI, 1999a).

$$x'_{ij} = \frac{x_{ij} - x_j^{min}}{x_j^{max} - x_j^{min}} \qquad \text{Wohnqualität} \qquad (3.56)$$

$$x'_{ij} = \frac{x_j^{max} - x_{ij}}{x_j^{max} - x_j^{min}} \qquad \text{Baukosten} \qquad (3.57)$$

Als Resultat erhält man jeweils einen Kriterien-Layer, dessen individuelle Bewertungen x_{ij} auf eine Skala von 0 bis 1 (x'_{ij}) transformiert sind. Eine ausführliche Beschreibung von Standardisierungsmethoden im Zusammenhang mit MCDM findet sich bei VOOGD (1983).

c) Über die Gewichtung wird die unterschiedliche Relevanz der einzelnen Kriterien untereinander zum Ausdruck gebracht. Bestehen hier Unsicherheiten oder unterschiedliche Vorstellungen der beteiligten Akteure (Bauherr, Umweltschutz), können verschiedene Szenarien mit unterschiedlicher Gewichtung berechnet werden. Der Einfluss dieser Unsicherheiten bzw. Unstimmigkeiten auf die Gesamtbewertung kann anschließend durch eine Sensitivitätsanalyse abgeschätzt und diskutiert werden. Die Ergbenisse können anschließend zur Erstellung einer robusteren Bewertung herangezogen werden.

d) Der abschließende Arbeitsschritt besteht in der Addition der standardisierten und gewichteten Kriterien-Layer, wobei der gesuchte günstigste Standort durch den höchsten Wert der Entscheidungsvariable x_{ij} gekennzeichnet ist. Die Gesamtbewertung der einzelnen Alternativen kann zusätzlich durch die Zuweisung von Ordinalzahlen in eine Rangfolge der Gunstflächen für die Wohnbebauung überführt werden.

Gegenüber „klassischen" Overlay-Analysen zeichnen sich die exemplarisch vorgestellten MADM-Methoden vor allem durch folgende Aspekte aus (JANSSEN & RIETVELD 1990, S. 133):

- Sie sind auch bei einer Vielzahl von Kriterien leicht zu handhaben,
- die unterschiedliche Bedeutung (Präferenz) einzelner Kriterien innerhalb der Analyse kann berücksichtigt werden,
- Die Notwendigkeit zur Festlegung von Schwellenwerten bei der Durchführung von Overlay-Prozessen entfällt, wodurch ebenfalls
- der einhergehende Informationsverlust aufgrund der Transformation der Variablen von der Rational- in die Nominalskala entfällt.

Multiobjective Decision Making (MODM)

Die Methoden des MODM werden im Vergleich zu den MADM-Methoden relativ wenig in Kombination mit GIS eingesetzt. Das liegt zum einen an den Schwierigkeiten beim Einsatz der Methoden an sich (JANSSEN 1996) und zum anderen am Mangel der benötigten GIS-Funktionalität zu deren Implementierung (vgl. MALCZEWSKI 1999a; EASTMAN 2003). Obwohl sie in der Lage sind unter gleichzeitiger Berücksichtigung mehrerer Ziele wesentlich komplexere räumliche Fragestellungen zu lösen. Ihr Einsatzgebiet ist sehr breit und reicht von der Ressourcenallokation (JANSSEN & RIETVELD 1990; GRABAUM ET AL. 1999) über die Routenoptimierung (LEE 2004) bis zur automatischen Generierung räumlicher Einheiten unter Berücksichtigung von Nachbarschaftsbeziehungen (AERTS & HEUVELINK 2002; TOURINO ET AL. 2003). Aufgrund dieser Vielseitigkeit bezieht sich die folgende Darstellung der wichtigsten Grundlagen auf die in dieser Arbeit behandelte Optimierung räumlicher Allokationen.

Ein wesentlicher Unterschied zwischen MADM und MODM besteht in der Anzahl der Dimensionen des zu lösenden Entscheidungsproblems. Zur Verdeutlichung stellt Abbildung 18 das oben beschriebene typische MADM-Problem dem hier behandelten MODM-Problem gegenüber. Letzteres besteht in der optimalen Zuordnung der Nutzungsoptionen O_r ($r = 1, 2, \ldots, p$) zu den räumlichen Alternativen F_i ($i = 1, 2, \ldots, m$)

Tab. 13: Vergleich von Multiattribute und Multiobjective Decision Making

	MODM	MADM
Kriterien werden definiert durch	Ziele	Attribute
Definition der Ziele	explizit	implizit
Definition der Attribute	implizit	explizit
Definition der Nebenbedingungen	explizit	implizit
Definition der Alternativen	implizit	explizit
Anzahl der Alternativen	unendlich (groß)	endlich (klein)
Paradigma der Entscheidungsmodellierung	prozessorientiert	ergebnisorientiert
Relevant für	Design/Suche	Bewertung/Auswahl
Relevanz geographischer Datenstrukturen	vektorbasierte GIS	rasterbasierte GIS

Quelle: MALCZEWSKI 1999a, S. 86 nach HWANG & YOON 1981 u. STARR & ZELENY 1977a.

unter Berücksichtigung der Kriterien K_j ($j = 1, 2, \ldots, n$). Diese repräsentieren hier landschaftshaushaltliche Kenngrößen bzw. Prozesse (z. B. Bodenerosion, Bodenverdichtung und Grundwasserneubildung), die in Bezug auf die gegebenen Landnutzungsoptionen (z. B. Acker, Wald und Grünland) mit Hilfe der in Kapitel 3.4 vorgestellten Methoden bewertet werden. Das zu lösende räumliche Entscheidungsproblem lässt sich dann folgendermaßen formulieren: Wie lassen sich unter Berücksichtigung vorgegebener Flächenanteile die Nutzungsalternativen auf die Schläge des Untersuchungsgebietes verteilen, so dass insgesamt sowohl Bodenerosion und -verdichtung minimiert werden als auch Grundwasserneubildung maximiert wird? Die Dimension der Fragestellung wird hier also durch die zusätzliche Berücksichtigung alternativer Landnutzungen gegenüber der des MADM-Beispiels erhöht. Gleichzeitig wird durch die Vorgabe der Flächenanteile eine zusätzliche Nebenbedingung formuliert, die die Verteilung der Nutzungsoptionen beeinflusst.

Grundsätzlich lassen sich auch MADM-Methoden mit Hilfe hierarchischer Erweiterungen auf Fragestellungen mit mehreren *komplementären*, sich also nicht gegenseitig ausschließenden Zielen unter Berücksichtigung mehrerer Kriterien anwenden. Das Ergebnis ist eine Karte, die den Grad der gleichzeitigen Erfüllung aller Ziele ausdrückt (EASTMAN, 2003 mit Verweis auf VOOGD, 1983). Für die Suche nach *Kompromisslösungen*, wie z. B. eine anteilige Zuordnung der Nutzungsoptionen zu den jeweiligen Schlägen, unter Berücksichtigung evtl. *konkurrierender* Zielvorstellungen, sind sie aber nicht geeignet. Hierfür werden Verfahren der mathematischen Programmierung bzw. Optimierung eingesetzt (z. B. JANSSEN & RIETVELD 1990; CARVER 1991; GRABAUM 1996; TKACH & SIMONOVIC 1997; AERTS & HEUVELINK 2002; TOURINO ET AL. 2003), die zu den Verfahren des MODM gehören (vgl. JANSSEN 1996; MALCZEWSKI 1999a).

Räumliche multikriterielle Entscheidungsunterstützung 73

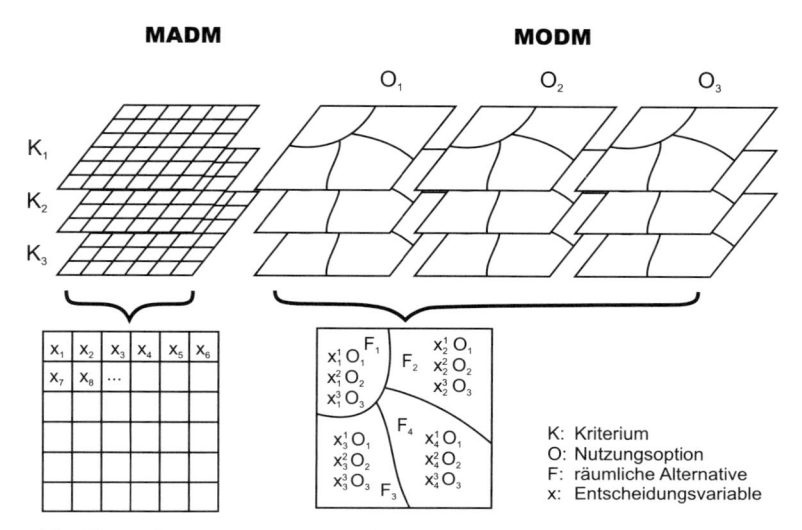

Abb. 18: Multiattribute Decision Making (MADM) versus Multiobjective Decision Making (MODM).

Die gegenüber dem MADM unterschiedliche Problemstellung des MODM bedingt letztlich auch eine davon abweichende Strukturierung bzw. Formulierung des Entscheidungsproblems (s. Tabelle 13). Ein wesentlicher Aspekt ist dabei die unterschiedliche Bedeutung der Entscheidungsvariablen x_{ij} bzw. x_i^r (vgl. Gleichung 3.55 bzw. 3.65). Während sie im MADM-Beispiel direkt die Attribute oder Rasterzellenwerte der Kriterien-Layer (Baukosten bzw. Wohnqualität) kennzeichnen, bestimmen sie im MODM-Beispiel dagegen die Quantität der gegebenen Alternativen (Nutzungsoptionen) in Bezug auf die räumlichen Alternativen F_i (MALCZEWSKI, 1999a; vgl. Abbildung 18). Das Ziel bzw. der angestrebte Kompromiss besteht also darin, die Entscheidungsvariablen derart zu bestimmen, dass die gegebenen Ziele optimal erfüllt werden. Mathematisch formuliert ergibt sich daraus die allgemeine Aufgabe der *linearen multikriteriellen Optimierung* (Multiobjective Linear Program, MOLP) (STEUER 1986, S. 213):

$$\max \mathbf{c}^1 \mathbf{x} = z_1 \quad (3.58)$$

$$\max \mathbf{c}^2 \mathbf{x} = z_2 \quad (3.59)$$

$$\vdots$$

$$\max \mathbf{c}^n \mathbf{x} = z_n \quad (3.60)$$

$$\mathbf{x} \in B = \{\mathbf{x} \in R^u \,|\, \mathbf{A}\mathbf{x} \leq \mathbf{b}, \mathbf{x} \geq 0, \mathbf{b} \in R^q\} \quad (3.61)$$

Darin stellen die Gleichungen 3.58 bis 3.60 die *Zielfunktionen* $\max f_j(\mathbf{x}) = z_j$ des MOLP dar, die den *Zielfunktionenvektor* $\mathbf{f}(\mathbf{x}) = \mathbf{z}$ bilden. Gesucht ist ein Punkt $\mathbf{x} \in B$, so dass $z_j \in R$ für alle j maximal ist. Die Aufgabe wird deshalb auch als *Vektoroptimierung* bzw. -maximierung bezeichnet (BENKER 2003).

Die einzelnen Zielfunktionen verknüpfen die Vektoren der Kriterienbewertungen $\mathbf{c}^j$ mit dem Vektor der Entscheidungsvariablen $\mathbf{x}$. Da die gegebenen p Nutzungsoptionen den jeweiligen Flächen F_i zugeordnet werden, ergibt die Gleichung $u = p * m$ die Dimension der Vektoren $\mathbf{c}^j$ und $\mathbf{x}$. Sie enthalten demnach die in Gleichung 3.62 und 3.63 aufgeführten Elemente, woraus sich die Zielfunktion nach Gleichung 3.65 ergibt.

$$\mathbf{c}^j = (c_1^{j1}, c_1^{j2}, \cdots, c_1^{jp}, c_2^{j1}, c_2^{j2}, \cdots, c_m^{jp}) \quad (3.62)$$

$$\mathbf{x} = (x_1^1, x_1^2, \cdots, x_1^p, x_2^1, x_2^2, \cdots, x_m^p) \quad (3.63)$$

$$\max z_j = c_1^{j1} x_1^1 + c_1^{j2} x_1^2 + \cdots + c_1^{jp} x_1^p + c_2^{j1} x_2^1 + c_2^{j2} x_2^2 + \cdots + c_m^{jp} x_m^p \quad (3.64)$$

$$= \max \sum_{i=1}^{m} \sum_{r=1}^{p} c_i^{jr} x_i^r \quad (3.65)$$

Die allgemeine Formulierung des MOLP als Vektormaximierungsaufgabe steht dabei nicht im Widerspruch zu den im MODM-Beispiel verfolgten Teilzielen der Minimierung von Bodenerosion und -verdichtung, da die entsprechenden Zielfunktionen durch Multiplikation mit -1 in eine Maximierungsaufgabe transformiert werden können (BENKER 2003).

Die ebenfalls im Beispiel genannte Forderung nach Einhaltung vorgegebener Flächenanteile für die gegebenen Nutzungsoptionen, wird im MOLP über die Nebenbedingung $\mathbf{Ax} \leq \mathbf{b}$ berücksichtigt (s. Gleichung 3.61). $\mathbf{A}$ beschreibt darin eine $q \times u$ Matrix mit den Koeffizienten der Ungleichungsnebenbedingungen und $\mathbf{b}$ einen Vektor der Dimension q mit den Werten der rechten Seiten. Es ergibt sich folgendes System von Ungleichungen:

$$\begin{array}{l} a_{11}^1 x_1^1 + a_{11}^2 x_1^2 + \cdots + a_{11}^p x_1^p + a_{12}^1 x_2^1 + a_{12}^2 x_2^2 + \cdots + a_{1m}^p x_m^p \leq b_1 \\ a_{21}^1 x_1^1 + a_{21}^2 x_1^2 + \cdots + a_{21}^p x_1^p + a_{22}^1 x_2^1 + a_{22}^2 x_2^2 + \cdots + a_{2m}^p x_m^p \leq b_2 \\ \vdots \quad \ddots \quad \vdots \quad \ddots \quad \vdots \\ a_{q1}^1 x_1^1 + a_{q1}^2 x_1^2 + \cdots + a_{q1}^p x_1^p + a_{q2}^1 x_2^1 + a_{q2}^2 x_2^2 + \cdots + a_{qm}^p x_m^p \leq b_q \end{array} \quad (3.66)$$

Bei der Formulierung der Nebenbedingungen lassen sich neben Ungleichungen der Relation $\leq$ auch Ungleichungen der Relation $\geq$ oder Gleichungen berücksichtigen. Die $\geq$-Ungleichungen können dabei durch Multiplikation mit -1 in Ungleichungen der Relation $\leq$ transformiert werden, während die Gleichungsnebenbedingungen durch zwei Ungleichungen ersetzt werden können (BENKER 2003). Zusätzlich gilt bei der beschriebenen Optimierungsaufgabe die Nichtnegativitätsbedingung $\mathbf{x} \geq 0$, da die räumliche Allokation negativer Quantitäten in Bezug auf Nutzungsoptionen keinen Sinn ergibt. Insgesamt bestimmen die Nebenbedingungen den *zulässigen* Bereich B (vgl. Gleichung 3.61).

Wenn ein Punkt $\mathbf{x} \in B$ für alle $f_j(\mathbf{x})$ individueller Maximalpunkt ist, besitzt die Vektormaximierungsaufgabe eine *perfekte* Lösung. Da dies aufgrund i. d. R. konkurrierender

Räumliche multikriterielle Entscheidungsunterstützung 75

Zielvorstellungen nur selten der Fall ist, besteht die Aufgabe der Vektormaximierung in der Suche nach *effizienten* Punkten (STEUER 1986; BENKER 2003). Dabei heißt $\hat{\mathbf{x}} \in B$ *effizient* oder *Pareto-optimal*, wenn es keinen weiteren Punkt $\mathbf{x} \in B$ gibt, für den gilt $f_j(\mathbf{x}) \geq f_j(\hat{\mathbf{x}})$ für alle j und $f_j(\mathbf{x}) > f_j(\hat{\mathbf{x}})$ für mindestens ein j (STEUER 1986; EHRGOTT 2005).

Die Suche nach Kompromisslösungen (effizienten Punkten) für räumliche MOLP gehört bis heute nicht zum Funktionsumfang gängiger GIS (vgl. Kapitel 2.1). Zur Lösung derartiger Probleme muss deshalb meistens auf externe Programme (sog. *Solver*) zurückgegriffen werden, was bei der Anwendung stellenweise zu umständlichen manuellen Konvertierungsarbeiten führt. LUMASS integriert deshalb die Funktionalität der Solver-Bibiliothek lp_solve (BERKELAAR ET AL. 2004) zum Aufbau eines „vollwertigen" räumlichen Entscheidungsunterstützungssystems (vgl. Kapitel 2.2 u. 2.3). Das folgende Kapitel behandelt die Implementierung von lp_solve und die Abbildung des MOLP durch die LUMASS-Benutzeroberfläche Multiobjective Optimization.

3.5.2 Implementierung eines mathematischen Optimierungssystems zur Unterstützung räumlicher Entscheidungsprozesse

Für die Lösung flächenbezogener multikriterieller Allokationsprobleme verwendet LUMASS die Software-Bibliothek lp_solve (BERKELAAR ET AL. 2004) in der Version 5.1 (vgl. Kapitel 3.2). Da das System nicht speziell für die Bearbeitung raumbezogener Fragestellungen ausgelegt ist, bedarf es einer speziellen Schnittstelle zur Übersetzung der räumlichen Struktur des MOLP (vgl. Kapitel 3.5.1, MODM-Beispiel) in die nicht räumlichen Datenstrukturen und -elemente des Solvers sowie die anschließende Rückübersetzung der Ergebnisse in eine kartographische Darstellung. LUMASS stellt dafür das Modul Multibobjective Optimization bereit. Es ist in verschiedene Register unterteilt, die sich an der mathematischen Struktur des MOLP orientieren (vgl. Abbildung 19):

Problem	Herstellung des Raumbezugs, Auswahl des Typs der Entscheidungsvariablen, Verwaltung benutzerdefinierter Einstellungen
Criteria	Definition der Kriterien und Handlungsoptionen, Zuordnung der Attribute
Objectives	Definition der Zielfunktionen, Auswahl der Lösungsmethode
Constraints	Definition der flächenbezogenen Nebenbedingungen und der Zielnebenbedingungen (interaktiver Modus)
Solution	Aufruf der lp_solve-Bibliothek zur Lösung des Problems, kartographische Darstellung der Ergebnisse, Export des MOLP in das LP-Format

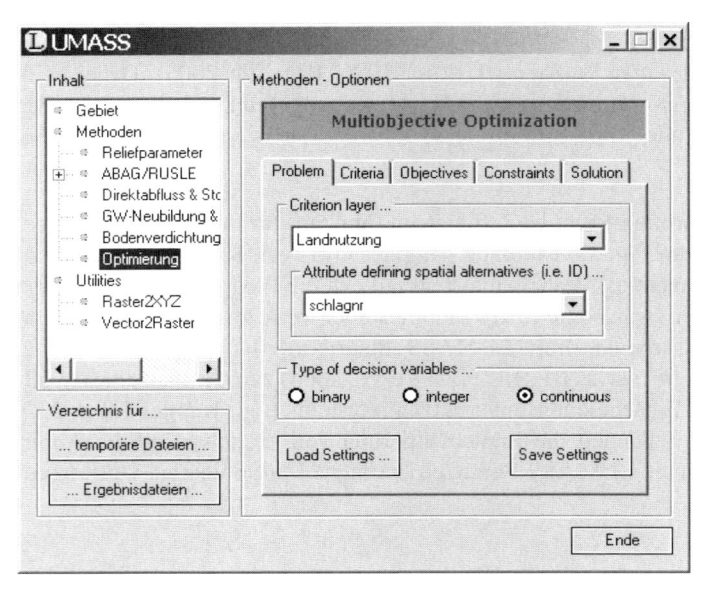

Abb. 19: Das Register Problem der Benutzeroberfläche Multiobjective Optimization.

Die folgenden Abschnitte enthalten eine detaillierte Beschreibung der einzelnen Oberflächenfunktionen in Bezug auf ihre Bedeutung für die mathematische Formulierung des räumlichen MOLP und die kartographische Darstellung der Ergebnisse. Dabei werden zur leichteren Nachvollziehbarkeit die im vorigen Kapitel eingeführten Symbole und Indizes übernommen (s. auch Kapitel Abkürzungen und Symbole, S. 133).

Problem

Die Oberfläche Problem dient der Definition der grundlegenden Informationen bezüglich des räumlichen MOLP. Die Einstellungen können zusammen mit allen übrigen benutzerdefinierten Konfigurationen des Moduls Multiobjective Optimiziation in Form einfacher Textdateien über die Schaltflächen Save Settings... und Load Settings... gespeichert respektive geladen werden.

Der Raumbezug des MOLP wird über die Auswahl des Kriterien-Layers (Criterion layer...) hergestellt. Er enthält die mit Hilfe der in Kapitel 3.4 räumlich differenziert bewerteten Kriterien (z. B. Grundwasserneubildung) in Bezug auf die bei der Optimierung zu berücksichtigenden Optionen (z. B. Grünland). Zur Identifikation der räumlichen Alternativen F_i muss zusätzlich ein *eindeutiger* Bezeichner (Identifier, ID) angegeben werden, anhand dessen auf die Attribute (z. B. Größe u. Kriterienbewertungen) der jeweiligen Flächen zugegriffen werden kann. Die Auswahl eines entsprechenden numerischen Datenfeldes erfolgt über die Auswahlbox Attribute defining spatial alternatives...

Von entscheidender Bedeutung ist die Wahl des Definitionsbereichs der Entscheidungsvariablen x_i^r (vgl. Gleichung 3.61) (Type of decision variables ...):

$$\mathbf{x} \in \begin{cases} \mathbb{R}^u & \text{continuous (Menge der reellen Zahlen)} \\ \mathbb{N}^u & \text{integer (Menge der natürlichen Zahlen)} \\ \{0,1\}^u & \text{binary (0 oder 1)} \end{cases} \quad (3.67)$$

Sie hat wichtige Konsequenzen in Bezug auf die räumliche Allokation. Dabei entspricht die Option continuous der allgemeinen Form des MOLP, wie sie im vorigen Kapitel vorgestellt worden ist (vgl. Kapitel 3.5.1, MODM-Beispiel). Sie ergibt eine anteilige Zuordnung der gegebenen Optionen O_r zu den räumlichen Alternativen F_i. Beispiele für die Allokation von Landnutzungsoptionen mit Hilfe kontinuierlicher Entscheidungsvariablen liefern z. B. JANSSEN & RIETVELD (1990), GRABAUM ET AL. (1999) und FISCHER & MAKOWSKI (2000). Die Wahl des Typs integer führt im Gegensatz dazu zu einer Zuordnung ausschließlich ganzzahliger Anteile der gegebenen Optionen zu den räumlichen Alternativen. Beide Varianten haben in Bezug auf die Allokation von Nutzungsoptionen den Nachteil, dass die konkrete räumliche Aufteilung bzw. Verortung der zugewiesenen Nutzungsanteile innerhalb der betroffenen Flächen nicht möglich ist. Abbildung 25 zeigt dazu ein Beispiel. Der grau dargestellten Fläche sind dabei anteilig die Nutzungsoptionen „Acker" und „Grünland" zugeordnet (vgl. auch Abbildung 26). Wie die Nutzungen innerhalb dieser Fläche aufgeteilt werden, bleibt jedoch unklar. Der Planer muss in solchen Fällen zusätzliche Untersuchungen durchführen bzw. Entscheidungen treffen, um zu einer räumlichen Zuordnung zu gelangen. Umgangen wird dieses Problem durch die Festlegung binärer (binary) Entscheidungsvariablen. Sie können entweder den Wert 0, d. h. die Nutzungsoption wird nicht zugeordnet, oder den Wert 1, die Nutzungsoption wird der entsprechenden Fläche zugeordnet, annehmen. Auf diese Weise entsteht eine optimale, *räumlich eindeutige* Verteilung der gegebenen Nutzungsoptionen.

Lineare Optimierungsaufgaben mit diskreten (integer bzw. binary) Entscheidungsvariablen werden allgemein auch als *Integer Linear Program* (ILP) bzw. bei mehreren Zielfunktionen auch als *Multiobjective Integer Linear Program* (MOILP) bezeichnet. Wird der zulässige Bereich eines ILP/MOILP durch Nebenbedingungen beschränkt (vgl. Gl. 3.61), d. h. es existiert eine endliche Anzahl zulässiger Lösungen, spricht man auch von *kombinatorischer Optimierung* (vgl. WALSER 1999; EHRGOTT 2005). Derartige Aufgaben haben den Nachteil, dass der Zeitbedarf für ihre Lösung oft exponentiell mit der Größe des Problems wächst und zu langen Rechenzeiten führen kann (vgl. Kapitel 4.3.3). Der Einfluss des Definitionsbereiches der Entscheidungsvariablen auf die Formulierung des räumlichen MOLP wird in den Abschnitten Objectives und Constraints behandelt.

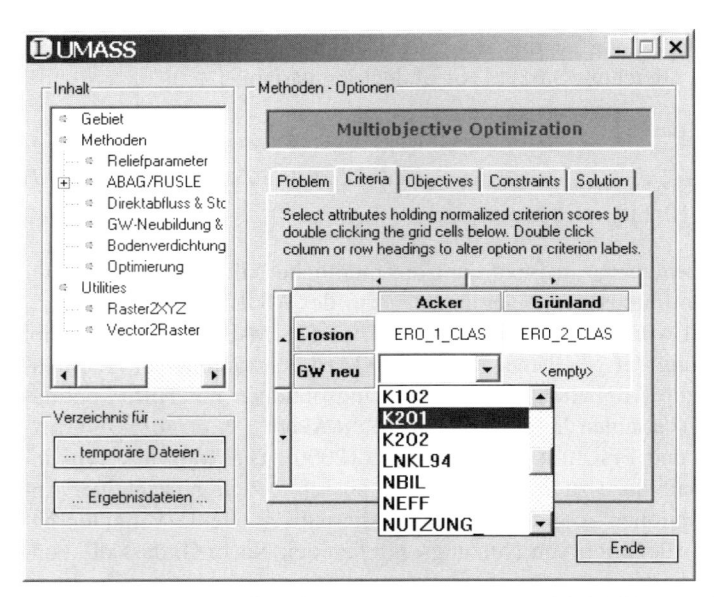

Abb. 20: Das Register Criteria der Benutzeroberfläche Multiobjective Optimization.

Criteria

Mit Hilfe der interaktiven Matrix des Registers Criteria (s. Abbildung 20) können auf einfache Art und Weise die Datenfelder der Kriterienbewertungen den jeweiligen Nutzungsoptionen zugeordnet werden. Dazu werden dem Anwender alle numerischen Attribute des gewählten Layers, mit Ausnahme des eingestellten Flächenbezeichners (ID), in einer Auswahlbox angezeigt. Bei jeder Auswahl überprüft LUMASS, ob das gewünschte Attribut bereits vergeben ist und macht die Auswahl ggf. automatisch rückgängig nachdem eine entsprechende Fehlermeldung angezeigt wurde. Die Größe der Auswahlmatrix kann über die randlich angeordneten Schaltflächen an die Anzahl der Kriterien und Nutzungsalternativen beliebig angepasst werden. Zusätzlich lassen sich die Standardbeschriftungen der Kriterien (Zeilen) und Optionen (Spalten) ebenfalls per Doppelklick editieren. Sie werden in den folgenden Registern automatisch verwendet, um den Anwender bei der individuellen Konfiguration des MOLP/MOILP so gut wie möglich zu unterstützen.

Objectives

Für die Lösung von Optimierungsaufgaben mit mehreren Zielfunktionen werden eine Reihe unterschiedlicher Methoden beschrieben (vgl. STEUER 1986; BENKER 2003; COLLETTE & SIARRY 2003; EHRGOTT 2005). Sie basieren i. d. R. darauf, die Vektoroptimierungsaufgabe in eine Optimierungsaufgabe mit nur einer Zielfunktion zu überführen. Diese lässt sich anschließend mit Hilfe bekannter effizienter Algorithmen z. B. durch einen Solver lösen. Für die „Aggregierung" (Skalarisierung) der Optimie-

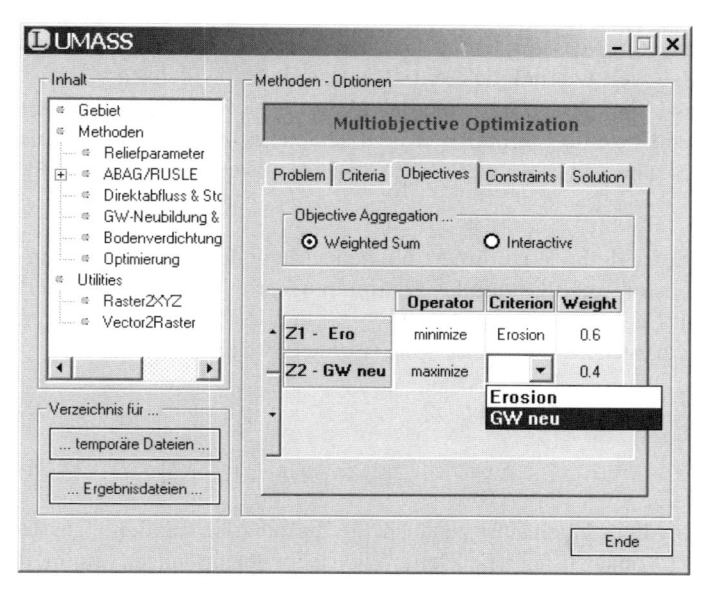

Abb. 21: Das Register Objectives der Benutzeroberfläche Multiobjective Optimization.

rungsaufgabe stellt LUMASS zwei unterschiedliche Methoden zur Verfügung (s. Abbildung 21, Objective Aggregation ...):

- Weighted Sum (gewichtete Summe der Zielfunktionen)
- Interactive (ε-*Constraint*-Methode)

Sie liefern für lineare Aufgaben (MOLP/MOLIP) effiziente Punkte der Vektoroptimierungsaufgabe (EHRGOTT 2005) und können deshalb für die hier angestrebte optimale räumliche Allokation (s. Kapitel 3.5.1, MODM-Beispiel) eingesetzt werden. Zusätzlich zeichnen sie sich dadurch aus, dass sie relativ leicht verständlich und nachvollziehbar und damit für den direkten Einsatz in der Planungspraxis durchaus geeignet sind.

Der Weighted-Sum-Ansatz stellt die einfachste Möglichkeit zur Skalarisierung des Zielfunktionenvektors dar (COLLETTE & SIARRY 2003). Dazu werden die gegebenen n Zielfunktionen gewichtet (λ_j) und zu einer einzigen Zielfunktion addiert (vgl. STEUER 1986; COLLETTE & SIARRY 2003; EHRGOTT 2005):

$$\max \sum_{j=1}^{n} \lambda_j f_j(\mathbf{x}) \quad \text{mit } \mathbf{x} \in B, \lambda \in R^n, \lambda_j > 0, \sum_{j=1}^{n} \lambda_j = 1 \quad (3.68)$$

Durch die Gewichtungsfaktoren λ_j können Präferenzen bezüglich der Zielfunktionen in die Optimierungsaufgabe integriert werden. Die Vorstellungen unterschiedlicher Akteure im Planungsprozess können so durch wiederholte Lösung des Problems mit unterschiedlichen Gewichten berücksichtigt und die Menge der möglichen optimalen Lösungen approximiert werden. Damit sich die über die Gewichte ausgedrückten Präferenzen auch in der Lösung widerspiegeln, muss bei der Anwendung der Weighted-Sum-Methode darauf geachtet werden, dass eine Korrelation der Zielfunktionen so weit wie möglich vermieden wird. Mathematisch bedeutet das, dass der Winkel zwischen ihren Gradienten möglichst groß sein sollte (STEUER 1986). Weiterhin sollten Bewertungskriterien (Koeffizienten der Zielfunktionen), die auf unterschiedlichen Skalen gemessen werden, zuvor normalisiert werden (STEUER 1986).

Neben der Weighted-Sum-Methode ist die ε-Constraint-Methode eines der bekanntesten Verfahren zur Lösung multikriterieller Optimierungsprobleme. Sie überführt $n-1$ Zielfunktionen in Nebenbedingungen ($f_v(\mathbf{x}) \leq \varepsilon_v$) und löst die Aufgabe durch die Optimierung einer einzigen Zielfunktion (vgl. STEUER 1986; EHRGOTT 2005):

$$\min f_j(\mathbf{x}) \quad (3.69)$$

$$\mathbf{x} \in B \cap \{\mathbf{x} \in R^u \mid f_v(\mathbf{x}) \leq \varepsilon_v;\ v = 1, 2, \ldots, n;\ v \neq j;\ \varepsilon \in R^n\} \quad (3.70)$$

Praktisch wird dabei so vorgegangen, dass zunächst die Zielfunktion mit der höchsten Priorität (z. B. $f_1(\mathbf{x}) = z_1$) ohne zusätzliche Zielfunktionsnebenbedingungen optimiert wird. Sie wird dann mit $\varepsilon = z_1$ als Nebenbedingung formuliert und die Zielfunktion mit der nächsthöheren Priorität optimiert usw. (vgl. COLLETTE & SIARRY 2003). Da, wie bereits erwähnt, selten perfekte Lösungen für MOLP/MOILP zu erwarten sind, müssen die ε-Werte der einzelnen Zielfunktionsnebenbedingungen in einem iterativen Prozess sukzessive angepasst werden, um effiziente Lösungen für das Problem zu erhalten. Als Orientierung bei der Anpassung der ε-Werte ist es hilfreich, zuvor die einzelnen Zielfunktionen ohne Berücksichtigung der Zielfunktionsnebenbedingungen separat zu optimieren. Die auf diese Weise erhaltenen Zielfunktionswerte ($\mathbf{z}^*$) stellen den sog. *Utopia-Punkt* des Optimierungsproblems dar. Er kann ebenfalls als Anhaltspunkt zur Beurteilung der „Güte" der effizienten Lösungen herangezogen werden. Die beschriebene Vorgehensweise ist im Vergleich zur Weighted-Sum-Methode zwar arbeitsaufwendiger, hat aber den Vorteil, dass der Anwender eine bessere Kontrolle über den Optimierungsprozess erhält und dadurch einen guten Überblick über die möglichen Lösungen gewinnt. Durch die iterative Vorgehensweise mit der abwechselnden Generierung und Beurteilung von Lösungen sowie den daraus resultierenden Veränderungen der Nebenbedingungen, kann eine sehr robuste Lösung der Optimierungsaufgabe gefunden werden. Zusätzlich lassen sich die verschiedenen Präferenzen der am Planungsprozess beteiligten Akteure, in Bezug auf die Einhaltung der formulierten Ziele, durch die Anpassung der Prioritäten der Zielfunktionen bzw. Zielfunktionsnebenbedingungen berücksichtigen.

Die konkrete Formulierung der Zielfunktionen erfolgt mit Hilfe einer interaktiven Matrix, die analog zu der im Abschnitt Criteria beschriebenen bedient wird. In Abhängigkeit von der Aggregationsmethode können entweder n oder nur eine Zielfunktion definiert werden. Dabei kann der Anwender die Operatoren maximize und minimize beliebig miteinander kombinieren, da die Übersetzung in das allgemeine MOLP- bzw. MOLIP-Format ggf. von LUMASS automatisch vorgenommen wird. Über einen

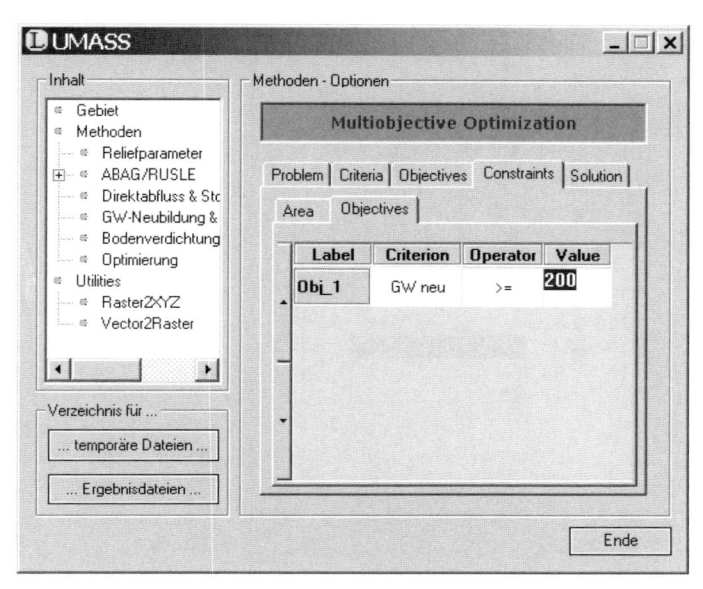

Räumliche multikriterielle Entscheidungsunterstützung 81

Abb. 22: Das Register Objective - Constraints der Benutzeroberfläche Multiobjective Optimization.

Doppelklick auf die Zellen der Spalte Criterion lässt sich das jeweils zu optimierende Kriterium aus den im Register Criteria definierten Kriterien auswählen. Die Gewichtungsfaktoren der Weighted-Sum-Methode werden in die entsprechenden Zellen der Spalte Weight eingetragen. Ist die Interactive-Methode ausgewählt, bleibt die Spalte unberücksichtigt.

Constraints

Die Benutzeroberfläche Constraints gliedert sich in das Register Area zur Definition der flächenbezogenen Nebenbedingungen und in das Register Objectives zur Formulierung der Zielfunktionsnebenbedingungen. Aus mathematischer Sicht dienen sie der Definiton der Ungleichungsnebenbedingung $\mathbf{Ax} \leq \mathbf{b}$ des MOLP bzw. MOILP (s. Gleichungen 3.61 u. 3.66). Die Anzahl der Zeilen w ($w = 1, 2, \ldots, q$) der Matrix $\mathbf{A}$ und damit die Dimension des Vektors der rechten Seite $\mathbf{b}$, ergibt sich folglich aus der Gesamtzahl der für das Problem definierten Nebenbedingungen.

Mit Hilfe des Registers Objectives (s. Abbildung 22) werden die bereits im gleichnamigen Abschnitt behandelten Zielfunktionsnebenbedingungen über die interaktive Benutzerschnittstelle bestimmt. Die Auswahlbox der Spalte Criterion bietet dabei lediglich die $n - 1$ verbleibenden Kriterien zur Auswahl an. Die mehrfache Berücksichtigung einer Zielfunktion wird durch LUMASS ausgeschlossen. Durch Editieren der Spalten Operator und Value wird die gewünschte Relation ($\geq, =, \leq$) bzw. der angestrebte Zielfunktionswert (ε) eingestellt.

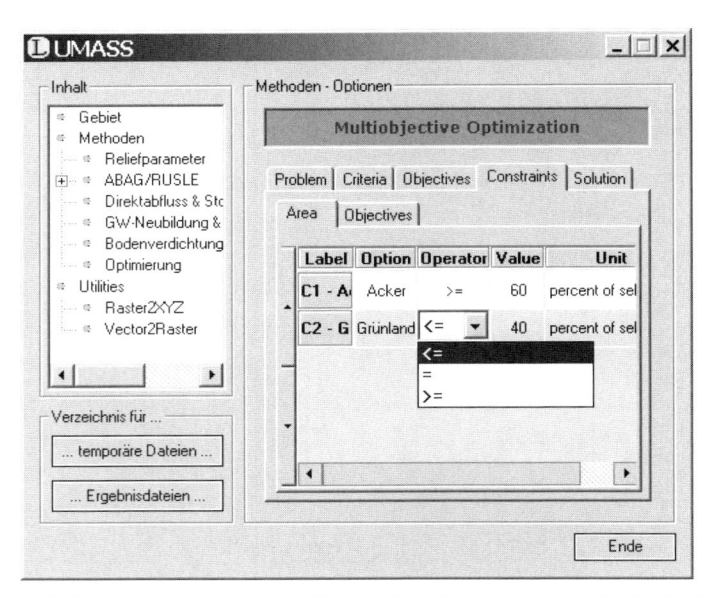

Abb. 23: Das Register Area - Constraints der Benutzeroberfläche Multiobjective Optimization.

In Bezug auf die flächenbezogenen Nebenbedingungen unterscheidet LUMASS *implizite* und *explizite* Nebenbedingungen. Letztere werden über das in Abbildung 23 gezeigte Register vom Anwender bestimmt. Sie legen die einzuhaltenden Flächenanteile (Value) der gewählten Nutzungsoptionen (Option) in Bezug auf die Gesamtfläche der räumlichen Alternativen F_i fest. Als Bezugseinheit kann dafür in der Spalte Unit entweder (i) map units (Karteneinheiten), (ii) percent of selected (Prozent der selektierten Fläche) oder (iii) percent of total (Prozent der Gesamtfläche) gewählt werden. Die Auswahl der Vergleichsoperatoren ist durch lp_solve vorgegeben und wird von LUMASS nicht weiter berücksichtigt. Unabhängig von der gewählten Relation werden allerdings die angegebenen Flächenanteile vor der Übergabe der Daten an lp_solve auf Konsistenz überprüft (vgl. Abschnitt Solution). Übersteigt die Summe der angegebenen Flächenanteile die Gesamtfläche der räumlichen Alternativen, gibt LUMASS eine Fehlermeldung aus und bricht den Optimierungsvorgang ab. Die räumlichen Alternativen werden dabei durch die aktuelle Flächenauswahl des angegebenen Layers bestimmt. Liegt keine Auswahl vor, werden alle Flächen des Layers als räumliche Alternativen interpretiert. Die räumliche Verteilung der Nutzungsoptionen lässt sich dadurch sehr einfach auf bestimmte Bereiche des Untersuchungsgebietes eingrenzen. Die maximale Anzahl der expliziten Nebenbedingungen entspricht der Anzahl p der definierten Nutzungsoptionen. Die mathematische Formulierung richtet sich nach der Wahl des Defintionsbereiches der Entscheidungsvariablen x_i^r und ergibt sich für die Nutzungsoption O_r wie folgt:

$$\sum_{i=1}^{m} x_i^r \leq b_w \quad \text{continuous/integer} \qquad (3.71)$$

$$\sum_{i=1}^{m} G_i x_i^r \leq b_w \quad \text{binary} \qquad (3.72)$$

Darin beschreibt b_w den angegebenen Flächenanteil, der ggf. von LUMASS in Karteneinheiten umgerechnet wird. Da die Entscheidungsvariablen der Gleichung 3.72 binär sind, werden sie mit der jeweiligen Flächengröße G_i der räumlichen Alternative F_i multipliziert. Sind die Entscheidungsvariablen vom Typ integer, wird der benutzerdefinierte Flächenanteil b_w sowie die von LUMASS ermittelte Gesamtfläche bzw. selektierte Fläche auf ganze Zahlen gerundet, um eine leere Lösungsmenge B zu vermeiden.

Im Gegensatz zu den expliziten Nebenbedingungen, werden die impliziten Nebenbedingungen ausschließlich von LUMASS verwaltet. Sie stellen sicher, dass die Summe der einer räumlichen Alternative F_i zugeordneten Flächenanteile der jeweiligen Nutzungsoptionen O_r, die verfügbare Flächengröße G_i nicht überschreiten. Im Fall binärer Entscheidungsvariablen bedeutet das, dass jeweils nur eine Nutzungsoption einer räumlichen Alternative zugeordnet werden kann (vgl. Abschnitt Problem). Es ergeben sich folgende Gleichungen:

$$\sum_{r=1}^{p} x_i^r = G_i = b_w \quad \text{continuous/integer} \qquad (3.73)$$

$$\sum_{r=1}^{p} G_i x_i^r = G_i = b_w \quad \text{binary} \qquad (3.74)$$

Solution

Nachdem die Konfiguration des MOLP/MOILP erfolgt ist, wird über die Schaltfläche Solve Problem der Lösungsprozess angestoßen. LUMASS überprüft dabei zunächst die vorgenommenen Einstellungen auf Vollständigkeit und Plausibilität (vgl. Abschnitt Constraints). Eventuelle Beanstandungen werden dem Anwender in Form einer Fehlermeldung angezeigt. Ist das MOLP/MOILP korrekt konfiguriert, wertet LUMASS die vorgenommenen Einstellungen aus und bildet das Optimierungsproblem mit den von lp_solve bereitgestellten Datenelementen und -strukturen ab. Gleichzeitig werden die wichtigsten Einstellungen protokolliert (vgl. Abbildung 24). Sie lassen sich anschließend über die Schaltfläche Save Log... in Form einer einfachen Textdatei abspeichern. LUMASS ruft schließlich die Lösungsroutine von lp_solve auf. Wird eine effiziente Lösung gefunden, fügt LUMASS den Zielfunktionswert sowie die Ergebnisse der Nebenbedingungen (b_w) dem Lösungsprotokoll hinzu, andernfalls wird eine entsprechende Fehlermeldung angezeigt. Die effiziente Lösung kann schließlich über die Schaltfläche Map Results kartographisch dargestellt werden, wie

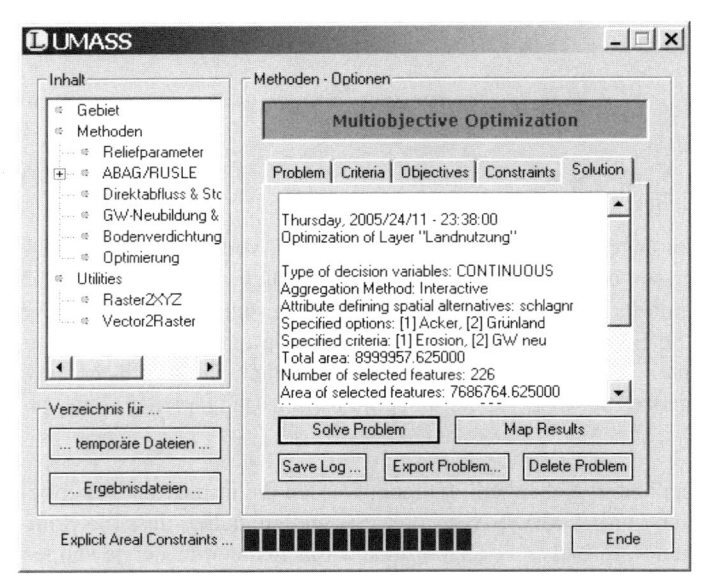

Abb. 24: Das Register Solution der Benutzeroberfläche Multiobjective Optimization. Dargestellt ist der Beginn eines Lösungsprozesses, in dem LUMASS zunächst die benutzerdefinierten Einstellungen der einzelnen Register auswertet und anschließend das MOLP/MOILP formuliert (hier bei der Definiton der expliziten flächenbezogenen Nebenbedingungen, s. Text).

in Abbildung 25 beispielhaft dargestellt ist. Dabei kennzeichnen die Flächen ohne Signatur benutzerdefinierte, unzulässige räumliche Alternativen (z. B. bebaute Gebiete, Naturschutzflächen, etc.), die während des Optimierungsprozesses nicht berücksichtigt worden sind. Die Kategorie „Acker Grünland" weist auf reelle bzw. ganzzahlige Entscheidungsvariablen hin, die zur Ausweisung von Mischnutzungen für einzelne Flächen führen können (vgl. Abbildung 26). Zur Speicherung der Nutzungsinformationen fügt LUMASS $p + 1$ Datenfelder der Attributtabelle des Layers hinzu (s. Abbildung 26), gleichnamige Attribute werden dabei überschrieben. Die Datenfelder OPTr_VAL enthalten die Werte der jeweiligen Entscheidungsvariablen x_i^r für die Nutzungsoption O_r. In das zusätzlich angelegte Datenfeld OPT_STR werden die Bezeichner derjenigen Optionen O_r eingetragen, für die gilt $x_i^r > 0$. Es dient gleichzeitig als Wertefeld für die kartographische Darstellung des Optimierungsergebnisses (vgl. Abbildung 25 u. 26).

Räumliche multikriterielle Entscheidungsunterstützung

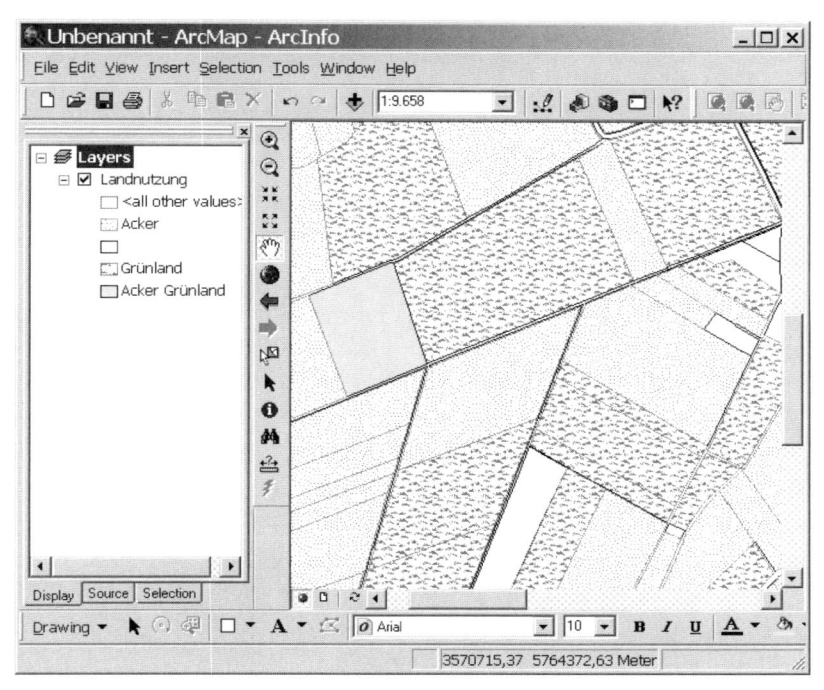

Abb. 25: Beispiel für die automatische kartographische Darstellung der Optimierungsergebnisse.

Abb. 26: Beispiel für die Speicherung der Optimierungsergebnisse in der Attributtabelle des Kriterien-Layers. Die selektierten Datensätze kennzeichnen die zulässigen räumlichen Alternativen des MOLP/MOILP.

4 Anwendung und Ergebnisse

Die im Folgenden vorgestellte beispielhafte Anwendung des Landnutzungsmanagementsystems LUMASS konzentriert sich im Wesentlichen auf die im Rahmen der Arbeit entwickelten bzw. weiterentwickelten Verfahren zur Lokalisierung potenzieller Stoffaustragsstellen (vgl. Kapitel 3.4.1 u. 3.4.4) sowie zur multikriteriellen Optimierung des Landnutzungsmusters (vgl. Kapitel 3.5.2).

4.1 Untersuchungsgebiet

Das Untersuchungsgebiet liegt auf dem Kartenblatt 1826 der Topographischen Karte 1 : 25000 und gehört naturräumlich zum Jungmoränengebiet des Ostholsteinischen Hügel- und Seenlandes (MEYNEN & SCHMITHÜSEN 1962) (s. Abbildung 4.1). Es befindet sich in ca. 25 km Entfernung zur nördlich gelegenen Landeshauptstadt Kiel. Das Untersuchungsgebiet erstreckt sich über eine Fläche von ca. 1200 ha und weist eine Nord-Süd-Ausdehnung von 4 km und eine West-Ost-Ausdehnung von 3 km auf.

Eine ausführliche Erläuterung der Geomorphogenese des Gebietes findet sich bei FRÄNZLE (1981) und wird im Folgenden in den wesentlichen Prozessen überblicksartig zusammengefasst. Vorrangig geprägt ist das Gebiet durch den 1. und 2. Weichselvorstoß, die dem Brandenburger und Frankfurter Stadium entsprechen. Dabei führte der 1. Hauptvorstoß des Weichselglazials, der dem Brandenburger Stadium zuzurechnen ist und bis zum Einfelder See reichte, zur Ablagerung der für das Gebiet morphographisch bedeutsamen Moränen. Die anschließende ausgeprägte Stagnations- und Abschmelzphase führte durch die vom nördlich gelegenen Eisrand herrührenden Schmelzwässer zu einer Fossilierung des vom ersten Vorstoß hinterlassenen Toteises. Der sich anschließende 2. Hauptvorstoß überfuhr dann die abgelagerten Schmelzwassersande und Moränen des 1. Vorstoßes, hinterließ aber keine Randmoräne. Seine Grundmoräne ist lückenhaft und zerspült. Auch dieser Vorstoß hinterließ umfangreiche Teile des Eislobus als Toteis. Im Präboreal und Boreal führte Tieftauen zum Aufschmelzen des tief verschütteten Toteises des 1. Hauptvorstoßes, wodurch es zur Entstehung bisweilen tiefer Senken kam. Gleichzeitig bildete sich die durch das Gebiet verlaufende ausgeprägte Tiefenzone der Drögen Eider.

Anhand der vom Landesamt für Natur und Umwelt Schleswig-Holstein freundlicherweise zur Verfügung gestellten Bodendaten ergibt sich folgendes bodengeographisches Bild für das Untersuchungsgebiet. Es wird im Wesentlichen gekennzeichnet durch Pseudogleye und Braunerde-Parabraunerde-Bodengesellschaften aus Geschiebelehm bzw. Geschiebemergel. Dabei nehmen Pseudogleye den weitaus größten Teil des Untersuchungsgebietes ein. Sie werden durchsetzt mit inselartigen Einschaltungen von im Wesentlichen Parabraunerde, Pseudogley-Parabraunerde, Braunerde, Braunerde-Parabraunerde, Kolluvium und Niedermoor. Im Nordwesten findet sich ein größerer zusammenhängender Bereich Braunerde, der mit Parabraunerde vergesellschaftet ist. Vorherrschend sind sandig-lehmige bis tonig-lehmige Bodenarten.

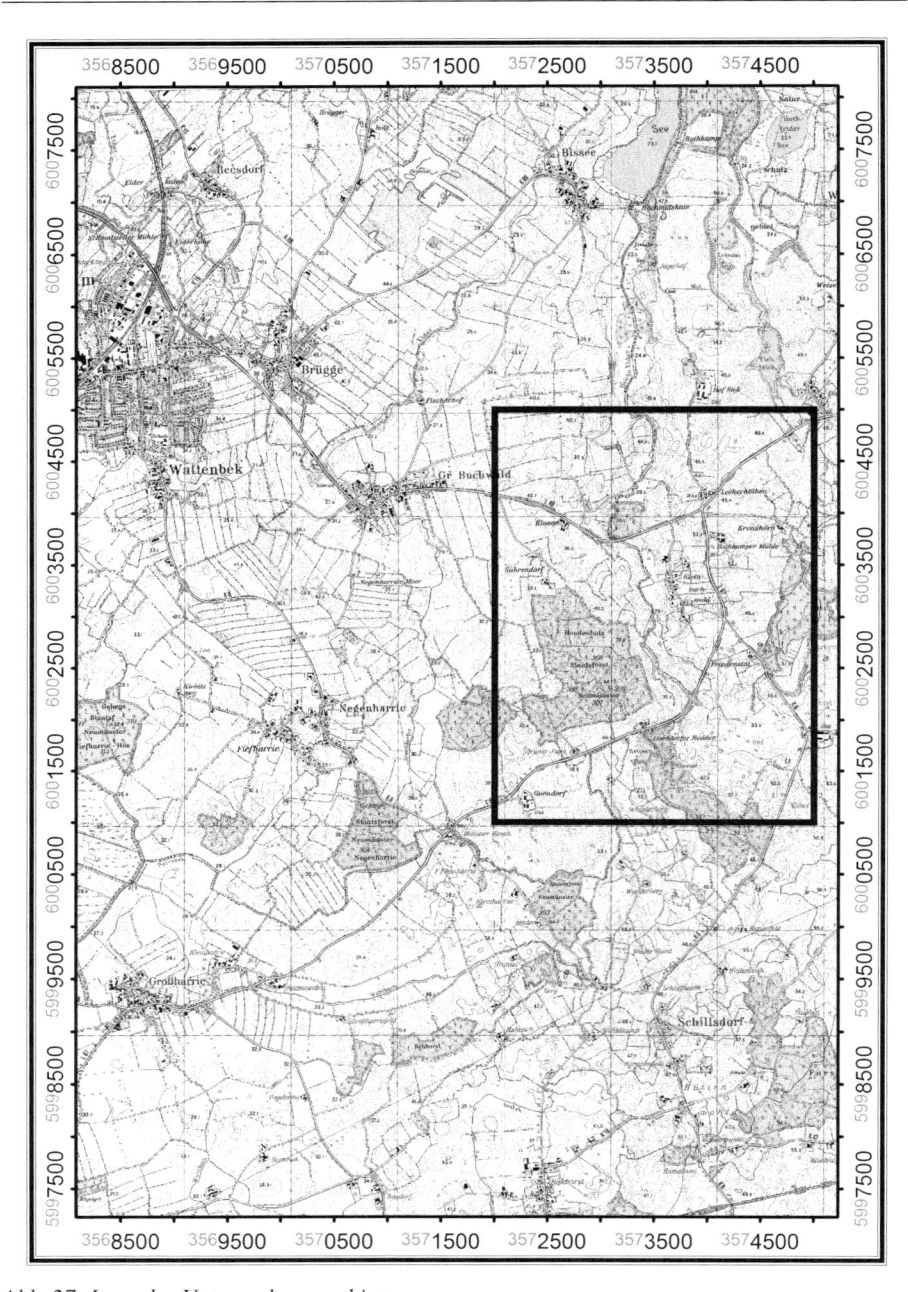

Abb. 27: Lage des Untersuchungsgebietes.
Quelle: Kartengrundlage: TK 1:25000, Blatt 1826 Bordesholm, ©LVermA-SH.

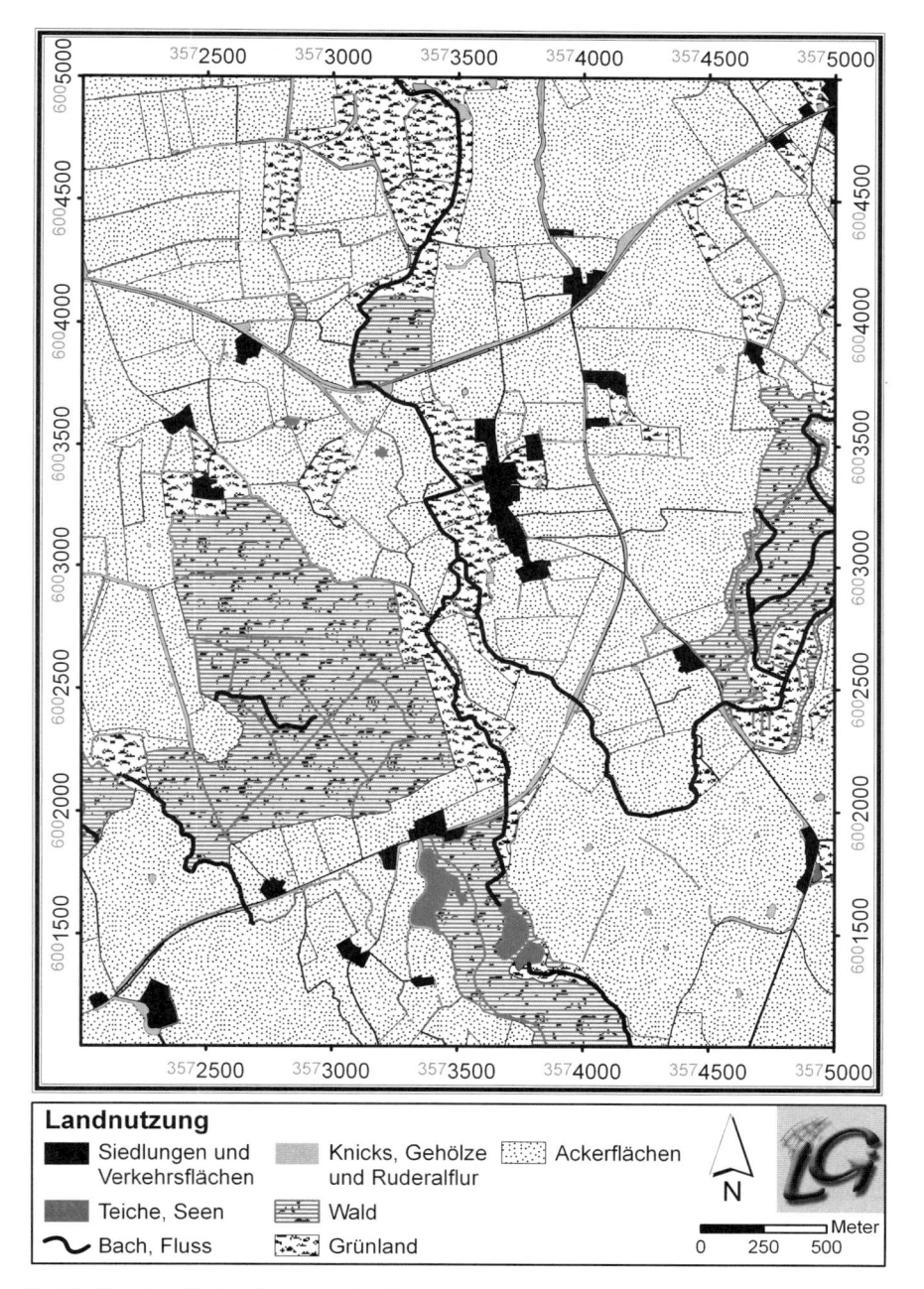

Abb. 28: Die aktuelle Landnutzung des Untersuchungsgebietes.
Quelle: Kartengrundlage: ATKIS® Basis-DLM u. DOP5, ©LVermA-SH.

Tab. 14: Die Landnutzungsverteilung des Untersuchungsgebietes.

Wald	Grünland	Acker	Siedlung	Rest
16 %	9 %	68 %	2 %	5 %

Klimatisch liegt das Gebiet in den ozeanisch geprägten gemäßigten Mittelbreiten. Es wird durch die zyklonale Tätigkeit der Westwinddrift und den Einfluss von Nord- und Ostsee geprägt (FRÄNZLE 1981). Die mittlere Jahresniederschlagsmenge liegt bei etwa 770 mm (MEYER 2000), wobei die häufigeren Winterniederschläge durch die intensiveren Sommerniederschläge überkompensiert werden. Die mittlere Sommertemperatur liegt zwischen 16° C und 17° C (FRÄNZLE 1981).

Die aktuelle Landnutzung des Gebietes ist in Abbildung 28 dargestellt. Sie umfasst zu ca. 70 % ackerwirtschaftliche Nutzung. Der Waldanteil ist mit etwa 16 % relativ hoch. Neben dem ca. 9 % umfassenden Grünlandanteil wird der Rest des Untersuchungsgebietes hauptsächlich von Siedlungs- und Verkehrsflächen sowie durch Gewässer (Seen) geprägt. Einzelbäume, Knicks und Ruderralfluren vervollständigen das Bild.

4.2 Modellierung oberirdischer Stofftransporte mit LUMASS

4.2.1 Anwendung

Die Modellierung oberirdischer Stofftransporte wurde exemplarisch für einen Teilbereich des Untersuchungsgebietes (vgl. Abbildung 29) durchgeführt. Da keine Informationen zu beobachteten bzw. kartierten Stoffausträgen und -übertritten vorlagen, wurden potenzielle Lieferflächen auf der Grundlage von Orthofotos und des digitalen Geländehöhenmodells unter Berücksichtigung der nachfolgend aufgeführten Kriterien ausgewählt und untersucht: (i) Ackerwirtschaftliche Nutzung, (ii) direkter Anschluss an ein Gewässer (Dröge Eider), (iii) relativ hohe Hangneigung (> 4 %) und (iv) oberirdische Abflussbahnen (nach TARBOTON 1997), die sich mit dem angrenzenden Gewässer schneiden.

Ziel der Modellierung

Im Mittelpunkt der Untersuchung stand dabei die Abschätzung des Einflusses der Höhenungenauigkeit des DGM auf die modellierten Stoffaustragsstellen und -austragsmengen sowie auf die Abgrenzung der zugehörigen Einzugsgebiete. Nach Auskunft des Landesvermessungsamtes Schleswig-Holstein (frdl. mdl. Mittlg. durch Herrn Weber) weist das verwendete DGM5 (12,5 m Auflösung) einen mittleren Höhenfehler (Standardabweichung) von $\pm 0,5$ m auf. Dieser beinhaltet sowohl systematische (z. B. bedingt durch die photogrammmetrischen Verfahren) als auch zufällige Komponenten (z. B. bedingt durch Bodenrauigkeiten), die sich aber im Rahmen der Prozessierung nicht unabhängig voneinander quantifizieren lassen.

Modellierung des DGM-Fehlers

Die durch die Ungenauigkeit der Höhendaten bedingte Unsicherheit der Austragsprognose wurde durch eine Sensitivitätsanalyse auf der Grundlage einer *Monte-Carlo-Simulation* (vgl. SALTELLI 2000; SALTELLI ET AL. 2004) abgeschätzt. Dabei werden prinzipiell eine Vielzahl von Modellläufen mit zufällig veränderten Eingangsparametern durchgeführt und die Auswirkungen auf das Modellergebnis analysiert. In der vorliegenden Untersuchung wurden dazu mit Hilfe einer sequentiellen Gaußschen Simulation (SGS) (s. u.) 25 DGM-Fehler-Raster mit einer Standardabweichung von 0,5 und einem Mittelwert von 0 generiert. Die anschließende Addition mit dem Original-DGM lieferte 25 unterschiedliche Geländehöhenmodelle gleicher Wahrscheinlichkeit. Sie dienten als Ausgangspunkt für die Austragsprognosen, die anschließend miteinander verglichen und ausgewertet wurden (s. Kapitel 4.2.2).

Eine ausführliche Behandlung der SGS findet sich u. a. bei GOOVAERTS (1997). Die grundlegenden Prinzipien des Verfahrens werden in Anlehnung an DEUTSCH & JOURNEL (1998, S. 144) kurz vorgestellt:

Der Ausgangspunkt für die Simulation ist eine normalverteilte kontinuierliche Variable $z(\mathbf{u})$, die mit Hilfe einer stationären Zufallsfunktion $Z(\mathbf{u})$ beschrieben werden kann. Dabei repräsentiert der Vektor $\mathbf{u}$ die räumlichen Koordinaten der Variablen. Auf der Grundlage der kumulativen Verteilungsfunktion $F_z(z)$ werden die gegebenen z-Werte in standardnormalverteilte y-Werte transformiert und anschließend auf bivariate Normalverteilung geprüft. Ist der Test positiv, wird angenommen, dass die y-Werte ebenfalls multivariat normalverteilt sind und im Rahmen der SGS verwendet werden können. Zur Simulation nicht bivariat normalverteilter y-Werte müssen alternative stochastische Simulationsmethoden in Betracht gezogen werden. Auf der Basis der standardnormalverteilten y-Werte wird dann ein Variogrammmodell zur Abbildung ihrer räumlichen Variabilität erstellt. Es dient zusammen mit den y-Werten als Eingangsdatum für den Simulationsalgorithmus. Dieser ermittelt in zufälliger Reihenfolge für jeden Punkt des Rasters den Mittelwert und die Varianz der lokalen kumulativen Verteilungsfunktion mit Hilfe eines einfachen Krige-Schätzers. Dabei werden sowohl die gegebenen y-Werte als auch bereits simulierte Werte innerhalb einer definierten Distanz berücksichtigt, wodurch eine bedingte kumulative Verteilungsfunktion (*conditional cumulative distribution function*) charakterisiert wird. Auf deren Basis wird schließlich ein zufälliger (simulierter) Wert für den jeweils aktuellen Punkt des Rasters ermittelt. Nachdem alle Rasterpunkte simuliert worden sind, werden die resultierenden Werte in die ursprüngliche durch $F_z(z)$ beschriebene Verteilung zurücktransformiert.

Da für die vorliegende Analyse keine gemessenen Höhenwerte zur Erstellung eines räumlichen Fehlermodells vorlagen, wurde als Ausgangspunkt für die Simulation das zur Verfügung stehende Geländehöhenmodell des Landesvermessungsamtes Schleswig-Holsteins gewählt. Das setzt voraus, dass der DGM-Fehler und die DGM-Werte räumlich korreliert sind. Dies konnte für das verwendete DGM5 durch das Lan-

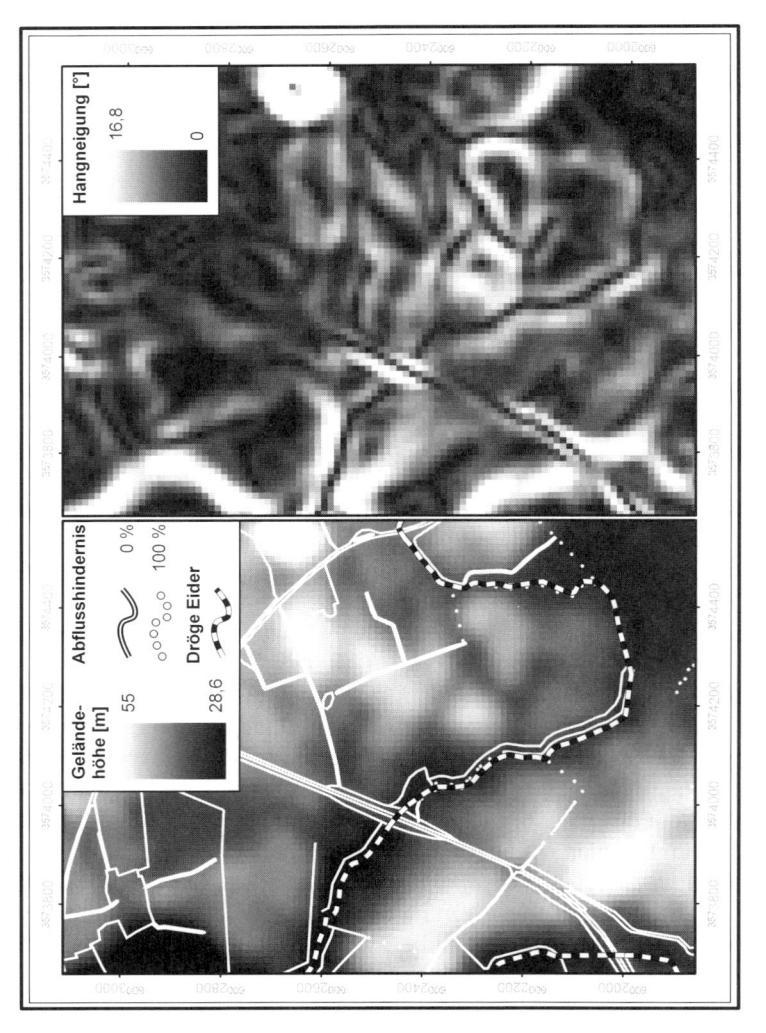

Abb. 29: Geländehöhe (Originaldaten) und Hangneigung (ZEVENBERGEN & THORNE 1987) des Gebietsausschnitts für die Modellierung oberirdischer Stofftransporte.
Quelle: Kartengrundlage: ATKIS® Basis-DLM u. DGM5, ©LVermA-SH).

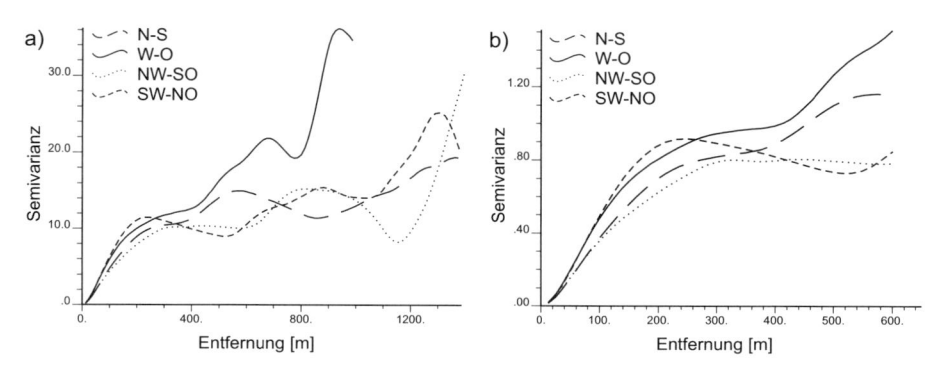

Abb. 30: Semivariogramme des gegebenen Geländehöhenmodells (s. Abbildung 29) für unterschiedliche Richtungen: a) Ausgangsdaten (z-Werte); b) standardnormalverteilte Daten (y-Werte).

desvermessungsamt (frdl. mdl. Mittlg. durch Herrn Weber) bestätigt werden und wird ebenfalls von verschiedenen Autoren für andere Gebiete beschrieben (vgl. HUNTER & GOODCHILD, 1995; FISHER, 1998; GOODCHILD, 2000 in AERTS ET AL., 2003). Die gegebenen Höhenwerte z wurden dann mit Hilfe des Geostatistikprogramms GSLIB (DEUTSCH & JOURNEL 1998) in standardnormalverteilte y-Werte transformiert, deren multivariate Normalverteilung für die weitere Analyse angenommen wurde. Für die Erstellung des Semivariogrammmodells als Eingangsdatum für die Simulation wurde das empirische Semivariogramm der Höhenwerte mit GSLIB berechnet. Abbildung 30 a) u. b) stellt das Ergebnis für die z- und y-Werte des in dieser Analyse verwendeten DGM-Ausschnitts dar. Die Variogramme zeigen die für Geländehöhenmodelle typische Zunahme der Semivarianz mit zunehmender Entfernung. Die Annäherung an einen Schwellenwert (*Sill*) (s. u.) ist dabei auch in größerer Entfernung nicht zu erwarten. Die für die Bildung der Oberflächenform verantwortlichen geologischen Ausgangsbedingungen und geomorphologischen Prozesse weichen i. d. R. mit zunehmender Entfernung immer stärker von den lokalen Bedingungen ab und führen so zu einer entsprechenden Varianz der Höhenwerte (vgl. HOLMES ET AL. 2000). Zur Beschreibung der für die Simulation benötigten Eigenschaften der räumlichen Korrelation der Variablen y, wurde anhand von Abbildung 30 b) ein isotropisches, sphärisches Variogrammmodell zugrunde gelegt (vgl. GOOVAERTS 1997, S. 88):

$$\gamma(\mathbf{h}) = c * \begin{cases} 1,5 * \frac{h}{a} - 0,5 * (\frac{h}{a})^3 & \text{wenn } h \leq a \\ 1 & \text{sonst} \end{cases} \quad (4.1)$$

Darin beschreibt $\gamma(\mathbf{h})$ die Semivarianz der standardnormalverteilten Höhenwerte in Abhängigkeit des Distanzvektors $\mathbf{h}$ (*lag distance*). Die Reichweite a (*Range*) und der Schwellenwert der maximalen Semivarianz c (*Sill*) wurden auf 300 m bzw. 0,8 festgelegt. Ein Nuggeteffekt wird nicht beobachtet, was auf die Gleichmäßigkeit der durch das DGM gegebenen Geländeoberfläche zurückgeführt wird (vgl. auch AERTS ET AL. 2003). Auf der Grundlage des Semivariogrammmodells und der standardnormalverteilten *y*-Werte wurde schließlich die Simulation unter Anwendung der *Stanford Geostatistical Modeling Software* (S-GeMS) (REMY 2004) durchgeführt. Die simulierten standardnormalverteilten Raster wurden anschließend mit der vom Vermessungsamt angegebenen Standardabweichung des DGM-Fehlers von 0,5 multipliziert. Es entstanden 25 gleichwahrscheinliche simulierte Raster mit einem Mittelwert von 0 und einer Standardabweichung von 0,5. Dadurch konnte zwar der tatsächliche DGM-Fehler nicht modelliert werden, aber ein künstliches Fehlermodell, das sowohl die räumliche Autokorrelation der Höhenwerte als auch den angegebenen mittleren DGM-Fehler berücksichtigt. Sie wurden abschließend zu dem Original-DGM addiert, wodurch 25 unterschiedliche Geländehöhenmodelle gleicher Wahrscheinlichkeit entstanden, die zur Abschätzung des Einflusses der DGM-Unsicherheit auf die Austragsprognose verwendet wurden.

Modellierung der Stoffausträge

Zur Abschätzung der oberirdischen Stoffausträge wurde zunächst mit dem in Kapitel 3.4.3 beschriebenen Modul Allg. Bodenabtragsgleichung (ABAG) der wasserbedingte Bodenabtrag modelliert. Für die Berechnung des LS-Faktors wurde dabei der Fließalgorithmus von TARBOTON (1997) gewählt, da dieser ebenfalls die Grundlage für die Abschätzung der Stoffausträge mit LUMASS bildet (vgl. Kapitel 3.4.4). Als Neigungsalgorithmus wurde der insbesondere für moderates Relief geeignete Ansatz von ZEVENBERGEN & THORNE (1987) verwendet (vgl. Kapitel 3.4.1). Das Verhältnis von linienhafter zu flächenhafter Erosion wurde als gering angenommen und das Vorhandensein instabiler, tauender Böden ausgeschlossen. Der K-Faktor wurde mit Hilfe der in Kapitel 3.4.3 beschriebenen vereinfachten Berechnung auf der Grundlage der vorhandenen Bodendaten abgeschätzt. Für die im Gebiet vorkommenden Moorböden konnte allerdings mit Hilfe der implementierten Methode kein K-Faktor-Wert berechnet werden. Er wurde stattdessen mit einem Wert von 0,02 der Arbeit von MEYER (2000) entnommen, die in einem benachbarten Untersuchungsgebiet durchgeführt worden ist. Der ebendort verwendete R-Faktor-Wert von 50 N/h, stammt aus einer Arbeit von SAUERBORN (1994) und konnte von MEYER anhand von Niederschlagsdaten bestätigt werden. Er wird auch im Folgenden in dieser Arbeit verwendet. Als Fruchtfolge wurde eine gebietstypische Winterweizen-Wintergerste-Winterraps-Rotation (frdl. mdl. Mttlg. durch Herrn Schmehe) für alle untersuchten Parzellen angenommen. Der zugehörige C-Faktor-Wert von 0,072 konnte ebenfalls der Arbeit von MEYER (2000) entnommen werden. Der Erosionsschutzfaktor P wurde unter Voraussetzung konturlinienparalleler Bearbeitung nach VKR 5.13 der MDB-2 (AG-BODEN 2000, S. 204) schlagspezifisch ermittelt.

Zur Lokalisierung und Abschätzung potenzieller oberirdischer Sedimentausträge wurde das LUMASS-Modul Oberirdische Stoffausträge (s. Kapitel 3.4.4) eingesetzt. Zur Festlegung der minimalen Einzugsgebietsgröße potenzieller Übertritte, wurde auf der Basis des originalen Geländehöhenmodells eine Voruntersuchung mit Hilfe der LUMASS-Funktion Fließwege (flow accumulation) unter Verwendung des D∞-

Algorithmus durchgeführt. Die minimale Einzugsgebietsgröße von 8000 m^2 wurde dabei so festgelegt, dass die Schnittpunkte der sich visuell deutlich abzeichnenden oberirdischen Abflusspfade mit der Drögen Eider durch die Modellierung erfasst wurden. Dabei musste berücksichtigt werden, dass sich das ermittelte Einzugsgebiet eines potenziellen Übertritts teilweise auch auf Rasterzellen des dem Übertritt gegenüberliegenden Hanges erstreckte. Dies ist darauf zurückzuführen, dass die Entfernung der im Abflusshindernis-Layer als Polyline-Features dargestellten Uferlinien der Drögen Eider geringer ist als die Rasterzellenweite des DGMs. Um diese unrealistische Situation bei der Modellierung auszuschließen, wurden zusätzliche Abflusshindernisse in einer entsprechenden Entfernung östlich der Drögen Eider digitalisiert. Dadurch wurde die Modellierung der Stoffausträge auf die westlich der Drögen Eider gelegenen Schläge begrenzt (vgl. Abbildung 31). Unter diesen Voraussetzungen wurde schließlich die Prognose des Sedimentaustrages auf der Basis der simulierten Geländehöhenmodelle durchgeführt. Zusätzlich wurde für jede Simulation und jeden ermittelten potenziellen Übertrittspunkt die Grenze des Einzugsgebietes mit Hilfe der LUMASS-Funktion **Einzugsgebiet (upslope area)** (vgl. Kapitel 3.4.1) bestimmt. Sie diente als Grundlage für die Berechnung der arithmetischen Mittelwerte der Einzugsgebietsgröße, der Hangneigung und des mittleren Bodenabtrages auf der Basis der durchgeführten Simulationen (s. Tabelle 15).

4.2.2 Ergebnisse

Für die vorgegebene minimale Einzugsgebietsgröße von 8000 m^2 (s. Kapitel 4.2.1) wurden insgesamt fünf potenzielle Stoffaustragsstellen (Übertritte Ü1 bis Ü5) für den Gebietsausschnitt ermittelt (vgl. Abbildung 31). Tabelle 15 fasst die Ergebnisse der Modellierungen für die simulierten Geländehöhenmodelle zusammen. Dabei wurden zusätzlich die mittlere Flächengröße und Hangneigung sowie der durchschnittliche Bodenabtrag für die Einzugsgebiete der Übertritte ermittelt.

Lokalisierung der Übertritte und Abgrenzung der Einzugsgebiete

Mit Ausnahme von Übertritt Ü4 wurden alle potenziellen oberirdischen Stoffaustragsstellen sowohl im Original-DGM als auch in den 25 simulierten Geländehöhenmodellen lagetreu ausgewiesen (s. Abbildung 31). Übertritt Ü4 wurde in 6 von 26 Modellläufen nicht ermittelt (s. Abbildung 32). Er weist damit gegenüber der 100 %igen Auftretenswahrscheinlichkeit der Übertritte Ü1, Ü2, Ü3 und Ü5 lediglich eine Auftretenswahrscheinlichkeit von etwa 77 % auf. Ein ähnliches Bild zeigt sich bei der Analyse der in Abbildung 31 dargestellten Zugehörigkeitswahrscheinlichkeit einzelner Pixel des DGM zu den Einzugsgebieten der Übertritte. Das EZG von Ü4 zeigt die größte Anzahl von Pixeln relativ geringer Zugehörigkeitswahrscheinlichkeiten. Danach folgen die EZG der Übertritte Ü1 und Ü5. Die Übertritte Ü2 und Ü3 weisen dagegen nur eine sehr geringe Anzahl von Pixeln mit geringen Zugehörigkeitswahrscheinlichkeiten auf. Die Unsicherheit der DGM-Werte wirkt sich also insbesondere

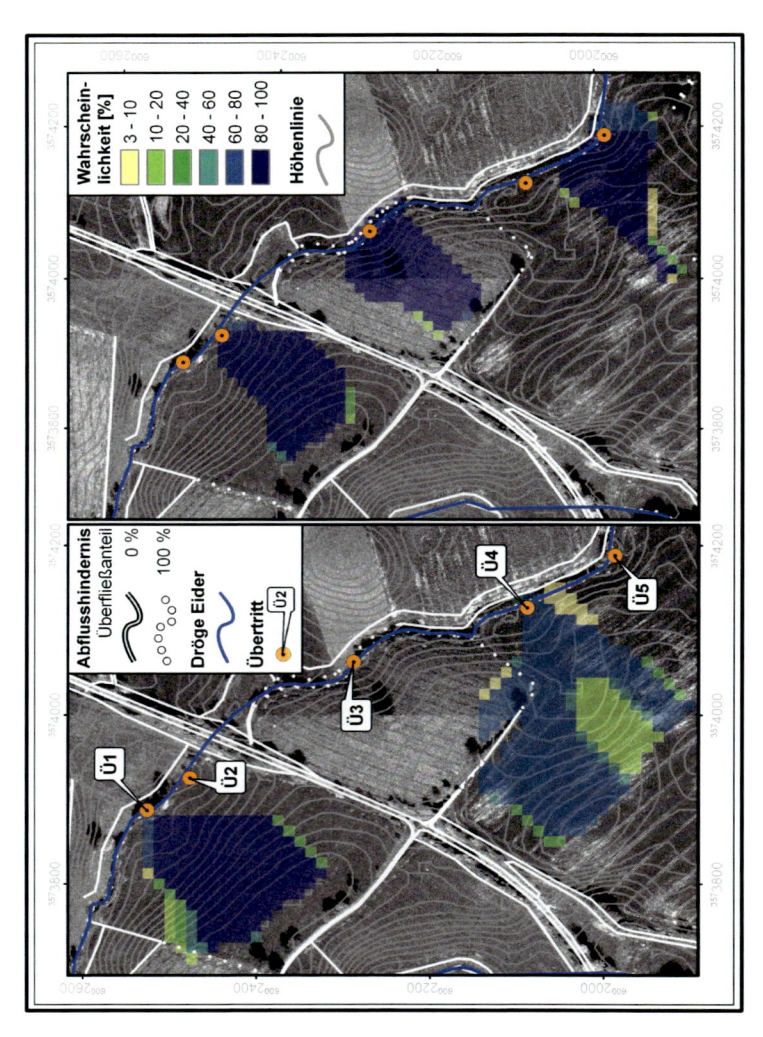

Abb. 31: Wahrscheinlichkeitskarte der Einzugsgebiete potenzieller oberirdischer Stoffaustragsstellen (Übertritte, Ü1 bis Ü5) auf der Grundlage simulierter Geländehöhenmodelle (s. Text).
Quelle: Kartengrundlage: ATKIS® Basis-DLM, DGM5 u. DOP5, ©LVermA-SH.

Tab. 15: Statistische Auswertung der Stoffaustragsmodellierung auf der Grundlage der simulierten Geländehöhenmodelle. Die Angaben beziehen sich auf das mit Hilfe der LUMASS-Funktion Einzugsgebiet (upslope area) ermittelte Einzugsgebiet (EZG) des jeweiligen Übertritts.

Übertritt	EZG [ha]	Neigung[1] [°]	Abtrag [t/(ha*a)]	Austrag[2] [t/a]
Ü1	2,29	4,71	0,77	0,80 - 0,84
Ü2	1,90	4,42	0,88	1,09 - 1,10
Ü3	1,73	3,74	0,58	0,79 - 0,79
Ü4[3]	3,50	3,14	0,46	0,63 - 0,69
Ü5	1,56	3,63	0,53	0,67 - 0,69

Angegeben sind die arithmetischen Mittelwerte der Simulationsläufe (vgl. Abbildung 32)

[1] Nach ZEVENBERGEN & THORNE (1987)
[2] Konfidenzintervall bei einer Irrtumswahrscheinlichkeit von 5 %
[3] Die Angaben beziehen sich ausschließlich auf Simulationen, für die ein Übertritt ermittelt wurde.

auf die EZG und damit auf die modellierten Stoffausträge der Übertritte Ü1 und Ü4 aus. Die Übertritte Ü2 und Ü3 zeigen dagegen nur einen sehr geringen Einfluss unsicherer Höhendaten auf die Austragsprognose. Übertritt Ü5 nimmt eine Mittelstellung ein. Vergleicht man die Übertritte relativ hoher Unsicherheit (Ü4, Ü1) mit denen relativ niedriger Unsicherheit (Ü2, Ü3 und Ü5) unter Berücksichtigung der mittleren Hangneigung und Flächengröße ihrer EZG (s. Tabelle 15), zeichnet sich folgende Tendenz ab:

- Je größer die Fläche des EZG, desto größer ist der Einfluss unsicherer Höhendaten; und
- je größer die mittlere Hangneigung des EZG, desto geringer ist der Einfluss unsicherer Höhendaten.

Aufgrund der geringen Anzahl erfasster Übertritte kann dieser Zusammenhang allerdings nur vage vermutet werden. Für eine belastbare Aussage müsste neben einer höheren Anzahl modellierter Übertritte außerdem eine repräsentative Auswahl charakteristischer Reliefsituationen des entsprechenden Landschaftstyps untersucht werden.

Abschätzung der Sedimentausträge

Die prognostizierten Sedimentausträge weisen insgesamt relativ geringe Werte auf (vgl. Abbildung 32). Sie schwanken zwischen 0,3 t/a für Übertritt Ü4 und 1,1 t/a für Übertritt Ü2. Auffällig ist der Sprung zwischen den modellierten Werten für das Original-DGM (Nr. 26) und den Werten für die simulierten Geländehöhenmodelle (Nr. 1 – Nr. 25). Da sich dieser Unterschied bei allen Übertritten zeigt, wird von einem systematischen Fehler ausgegangen, der auf die Erstellung der simulierten Geländehöhen-

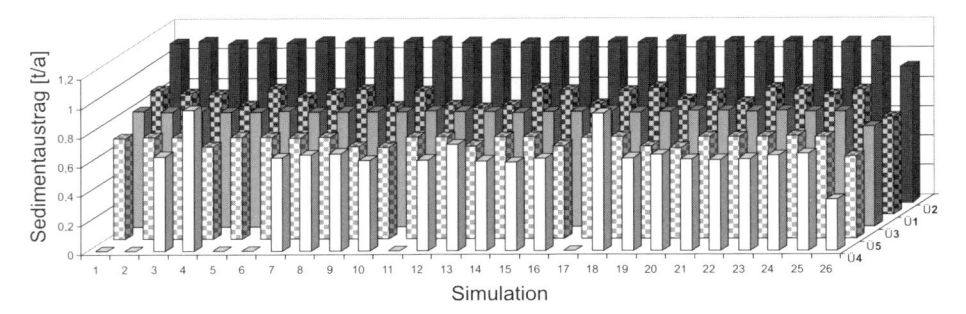

Abb. 32: Modellierte Sedimentausträge potenzieller oberirdischer Stoffaustragsstellen (Ü1–Ü5) auf der Basis der simulierten Geländehöhenmodelle (Nr. 1-25) und des originalen DGMs (Nr. 26).

modelle zurückgeführt wird.

Da für die Simulation der Fehler-Raster auf das Original-DGM als Eingangsdatum zurückgegriffen werden musste, wurden die bei der SGS erzeugten Raster auf der Grundlage der Verteilungsfunktion des Original-DGMs erstellt (vgl. Kapitel 4.2.2). Durch die anschließende Multiplikation mit der Standardabweichung des DGM-Fehlers wurden Fehler-Raster erzeugt, die negative Fehler für Bereiche geringer Geländehöhe und positive Fehler für Bereiche hoher Geländehöhe aufweisen. Die anschließende Addition mit dem Original-DGM führt schließlich zu einem simulierten Geländehöhenmodell mit einer relativ höheren Reliefenergie, was sich letztlich in höheren Austragswerten niederschlägt. Um den durch die Simulation entstandenen systematischen Fehler bei der Auswertung auszuschalten, beziehen sich die in Abbildung 31 und Tabelle 15 dargestellten Ergebnisse der Modellläufe sowie die hiernach gemachten Ausführungen ausschließlich auf die simulierten Geländehöhenmodelle.

Der Vergleich der prognostizierten Austragswerte für die ermittelten Übertritte ergibt für Ü2 die insgesamt höchsten Werte. Sie liegen bei einer Irrtumswahrscheinlichkeit von 5 % zwischen 1,09 t/a und 1,10 t/a. Die Austragswerte der übrigen Übertritte nehmen in Abhängigkeit der mittleren Hangneigung ihrer EZG von Ü1 bis Ü4 ab (s. Tabelle 15). Die trotz geringerer Hangneigung gegenüber Ü1 höheren Sedimentausträge für Ü2 ergeben sich aus dem Unterschied der in Tabelle 15 angegebenen Einzugsgebietsgröße gegenüber der *effektiven* Einzugsgebietsgröße des Übertritts. Wie bereits in Kapitel 3.4.1 ausgeführt wurde, dient die LUMASS-Funktion Einzugsgebiet (upslope area) zur Abgrenzung der zum EZG gehörenden Rasterzellen, woraus die *maximale* Einzugsgebietsgröße errechnet werden kann. Die für die Lokalisierung der Übertritte intern verwendete Funktion Fließwege (flow accumulation), auf der Basis des D∞-Algorithmus, ergibt demgegenüber die *effektive* Einzugsgebietsgröße des Übertritts. Sie repräsentiert die akkumulierte Einzugsgebietsgröße einer Rasterzelle, die aufgrund der i. d. R. auftretenden Dispersion des Abflusses meist unterhalb der maximalen EZG liegt. Die durch den D∞-Algorithmus modellierte Dispersion des oberirdischen Abflusses kann weiterhin dazu führen, dass sich zwei EZG eines Übertrittes überlappen. Dies ist für Ü1 und Ü2 der Fall. Eine Analyse der in Abbildung 31 dargestellten Höhenlinien macht deutlich, dass insbesondere aus dem südlichen Teil des EZG von Ü1 offensichtlich die größeren Abflussproportionen effektiv Ü2 zuzurechnen sind. Der Quotient aus effektivem EZG und maximalem EZG wird folglich für Ü2 näher an 1 liegen als für Ü1, womit sich der relativ höhere Sedimentaustrag von Ü2 trotz eines geringeren maximalen EZG und einer geringeren mittleren Hangneigung erklären lässt.

Für den Einfluss der Unsicherheit der Höhenwerte auf die Austragsprognose ergibt sich ein analoges Bild zur Wahrscheinlichkeit der EZG-Grenzen (vgl. Tabelle 15). Dies kann anhand der Spannweite des Konfidenzintervalls des prognostizierten Sedimentaustrages nachvollzogen werden. Übertritte mit relativ großen mittleren Hangneigungen und kleinen EZG (Ü3, Ü2, Ü5) weisen die kleinste Austragsvariabilität auf, während Übertritte mit relativ großen EZG und kleinen Hangneigungen (Ü4, Ü1) die höchste Variabilität zeigen. Der Einfluss der Hangneigung ergibt sich dabei aus ihrer großen Bedeutung für die Berechnung des Bodenabtrages (LS-Faktor) und für die oben angesprochene Berechnung des effektiven EZG. In Bezug auf den Einfluss der Größe des maximalen EZG ist anzunehmen, dass der Quotient aus effektivem EZG und maximalem EZG mit zunehmender Größe des maximalen EZG kleiner wird.

Insgesamt hat die vorliegende Untersuchung gezeigt, dass der Einfluss der Höhenungenauigkeit des DGM5 auf die Modellierung oberirdischer Stoffausträge für das untersuchte Gebiet zu vernachlässigen ist. Zwar steigt mit abnehmender Hangneigung die beobachtete Variabilität der Vorhersage von Übertritten, jedoch nimmt gleichzeitig die Wahrscheinlichkeit ab, dass überhaupt ein Übertritt beobachtet wird. Die Variabilität der prognostizierten Sedimentausträge bewegt sich insgesamt im Bereich von hundertstel Tonnen (vgl. Tabelle 15). Aufgrund der Langfristaussage des eingesetzten Modells und seiner empirischen Natur (vgl. Kapitel 3.4.3 u. 3.4.4), liegt die beobachtete Variabilität der Austräge unterhalb der Vorhersagegenauigkeit des Modells.

4.2.3 Diskussion

Bei der Modellierung von Bodenabträgen und oberirdischen Stoffausträgen stellt sich prinzipiell die Frage, ob physikalisch basierte oder empirische Modelle eingesetzt werden sollen. Grundsätzlich sind physikalisch basierte Modelle in der Lage, den Erosionsprozess an sich wesentlich genauer abzubilden. Ein wesentliches Problem dabei liegt aber darin, dass viele als wichtig erachtete Teilprozesse bis heute nur ungenügend mathematisch beschrieben werden können oder zum Teil nur unzureichend verstanden werden (QUINTON 2004). Darüber hinaus ist die Erhebung oft verwendeter Parameter nach wie vor mit erheblichen Unsicherheiten verbunden, wie z. B. die räumlich differenzierte Bestimmung der gesättigten Wasserleitfähigkeit (QUINTON 2004). Verschiedene Vergleiche relativ einfacher Modelle (z. B. ABAG/USLE) mit komplexeren Ansätzen (z. B. WEPP) zeigen auf der Grundlage gemessener Daten, dass keine deutlichen Unterschiede in der Vorhersagegenauigkeit zu beobachten sind (vgl. FAVIS-MORTLOCK, 1997b; MORGAN, 2001; MORGAN & NEARING, 2002 in QUINTON, 2004). Insbesondere für den hier angestrebten Einsatz in der Planungspraxis wurde für die Implementierung in LUMASS ein grundsätzlich leicht parametrisierbarer und einfacher empirischer Ansatz gewählt.

Die zu erwartende Genauigkeit der Stoffaustragsmodellierung mit LUMASS wird prinzipiell durch die Genauigkeit der implementierten Verfahren bestimmt. Bei der praktischen Anwendung ergibt sich allerdings die Schwierigkeit, die Überfließanteile der Abflusshindernisse sowie die minimale Einzugsgebietsgröße potenzieller Übertritte festzulegen. Hierzu liegen bislang nach Kenntnisstand des Autors keine Untersuchungen vor. Für eine realitätsnahe Modellierung schlagübergreifender Erosionsprozesse (vgl. auch HEBEL 2003) sowie für die Vorhersage potenzieller Stoffaustragsstellen, werden aber entsprechende Informationen benötigt.

Ungeachtet dieser Parameter wurde für vier Bodendauerbeobachtungsflächen Niedersachsens (mit frdl. Genehmigung und Unterstützung durch Herrn Dr. W. Schäfer, BTI Bremen) ein Vergleich mit kartierten Stoffausträgen vorgenommen. Dabei wurden alle Abflusshindernisse mit einem Überfließanteil von 1 versehen, während die minimale Einzugsgebietsgröße auf die Flächengröße einer Rasterzelle festgelegt wurde. Dadurch wurden diejenigen Übertritte ermittelt, die sich aus den Schnittpunkten der Schlaggrenzen mit den durch den D∞-Algorithmus abgebildeten oberirdischen Abflussbahnen ergaben. Von insgesamt ca. 76 kartierten Übertritten konnten auf diese Weise etwa 45 Stoffaustragsstellen (ca. 60 %) abgebildet werden. Das bedeutet im Umkehrschluss, dass ungefähr 40 % der Übertritte nicht auf den modellierten Abflussbahnen lagen. Hierfür kommen grundsätzlich mehrere Ursachen in Betracht:

- Die Übertritte werden durch Oberflächenstrukturen hervorgerufen, die unterhalb der räumlichen Auflösung des verwendeten Höhenmodells liegen,
- die Übertritte werden durch Oberflächenstrukturen hervorgerufen, die nicht oder nur mit großer Unsicherheit erhoben werden können (z. B. Abflusshindernisse und Überfließanteile),
- die Übertritte werden durch eine nach Aufnahme des DGMs erzeugte Oberflächenstruktur hervorgerufen (zeitliche Auflösung, z. B. die Veränderung der Oberfläche durch die landwirtschaftliche Bearbeitung) oder
- der eingesetzte Fließalgorithmus gibt die Oberflächenstrukturen nur ungenügend wieder.

Anhand der kartierten Übertritte und On-Site-Effekte der Dauerbeobachtungsflächen konnte ein Teil der nicht erfassten Übertritte auf in Fahrspuren auftretende Rillenerosion zurückgeführt werden (a) und c)). Punkt b) konnte aufgrund mangelnder Informationen zum Überfließanteil der Schlaggrenzen nicht überprüft werden. Die Qualität des Fließalgorithmus (d)) in Bezug auf die untersuchten Flächen konnten aufgrund fehlender Referenzinformation nicht beurteilt werden. Eine Untersuchung verschiedener Fließalgorithmen auf der Grundlage mathematisch exakt beschriebener, synthetischer Oberflächenmodelle wird von ZHOU & LIU (2002) beschrieben. Dabei zeigte der D∞-Algorithmus insgesamt gute Ergebnisse.

4.3 Landnutzungsoptimierung mit LUMASS

Das abschließende Kapitel der Arbeit demonstriert an einem einfachen Beispiel die Anwendung des Moduls Multiobjective Optimization (s. Kapitel 3.5.2). Dazu werden unter dem Aspekt des Erosionsschutzes zwei fiktive Landnutzungsszenarien hinsichtlich ihrer räumlichen Verteilung optimiert und verglichen.

4.3.1 Anwendung

Die notwendigen Arbeitsschritte zur Optimierung von Landnutzungsverteilungen sind beispielhaft in Abbildung 33 dargestellt. Der Ausgangspunkt ist dabei die konkrete Definition des Optimierungs- bzw. Entscheidungsproblems (vgl. auch Kapitel 2.2).

In dem vorliegenden Beispiel sollen die in Tabelle 16 aufgeführten Landnutzungsoptionen so im Untersuchungsgebiet (s. Abbildung 28) angeordnet werden, dass der wasserbedingte Bodenabtrag auf ein Minimum reduziert wird. Dabei sollen die in der Tabelle angegebenen expliziten flächenbezogenen Nebenbedingungen eingehalten werden. Das einzige Optimierungskriterium des vorliegenden Beispiels ist der langjährige mittlere wasserbedingte Bodenabtrag. Er wurde mit Hilfe des Moduls Allg. Bodenabtragsgleichung (ABAG) für jede Landnutzungsoption und jede räumliche Alternative abgeschätzt. Dabei konnte allerdings nur ein Teil der Subfaktoren auf der Basis der zur Verfügung stehenden Daten mit LUMASS ermittelt werden.

Die Berechnung des LS-Faktors wurde auf der Grundlage des digitalen Geländehöhenmodells (DGM5) des Landesvermessungsamtes Schleswig-Holsteins vorgenommen. Als Fließalgorithmus wurde die Methode nach QUINN ET AL. (1991) eingesetzt. Für die Neigungsberechnung wurde der Algorithmus von ZEVENBERGEN & THORNE (1987) gewählt. Weiterhin wurde ein geringes Verhältnis von Rillen- zu Zwischenrillenerosion angenommen. Das Vorhandensein instabiler und tauender Böden konnte ausgeschlossen werden. Der Überfließanteil, der durch Schlaggrenzen, Straßen, Gräben etc. vorgegebenen linearen Abflusshindernisse wurde auf 0 % gesetzt, da hierüber keine detaillierten Informationen zur Verfügung standen. Der K-Faktor konnte überwiegend auf der Basis der vom Landesamt für Natur und Umwelt Schleswig-

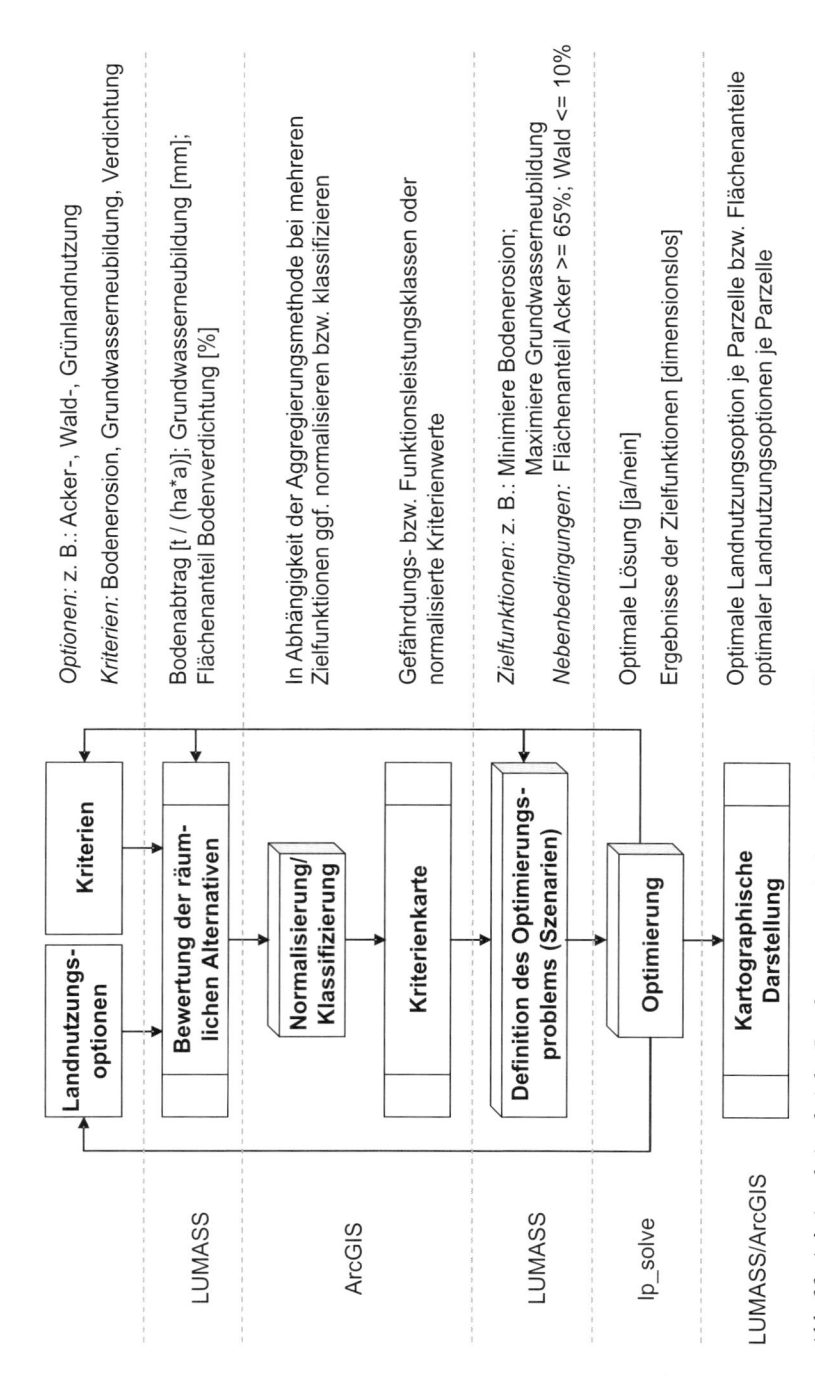

Abb. 33: Arbeitsschritte bei der Landnutzungsoptimierung mit LUMASS.

Tab. 16: Explizite flächenbezogene Nebenbedingungen der Nutzungsszenarien in Prozent der Gesamtfläche.

Szenario[1]	WW-WG-WR	WW-WW-WW	Mais-Mais-Mais	Grünland
S1	≥ 40	≥ 20	≥ 6	≥ 9
S2	≥ 35	≥ 15	≥ 6	≥ 20

[1] Angegeben sind die expliziten flächenbezogenen Nebenbedingungen in Prozent der Gesamtfläche
WW: Winterweizen; WG: Wintergerste; WR: Winterraps

Holstein bereitgestellten Bodendaten berechnet werden, wobei die vereinfachte Berechnungsvariante nach AG-BODEN (2000) verwendet wurde. Für Moorböden wurde der K-Faktor (0,02) der Arbeit von MEYER (2000) entnommen. Gleiches gilt für die regionsspezifischen C-Faktoren der in den Szenarien verwendeten Fruchtfolgen:

Winterweizen - Wintergerste - Winterraps	0,072
Winterweizen - Winterweizen - Winterweizen	0,115
Mais - Mais - Mais	0,505
Grünland	0,004

Der R-Faktor stammt aus der Arbeit von SAUERBORN (1994) und konnte von MEYER (2000) für den Raum Bornhöved bestätigt werden. Unter Annahme einer konturlinienparallelen Bewirtschaftungsweise wurde der P-Faktor nach AG-BODEN (2000) schlagspezifisch ermittelt. Die Grundlage dafür bildete die nach ZEVENBERGEN & THORNE (1987) mit LUMASS berechnete Hangneigung. Das Ergebnis der Abtragsmodellierung ist beispielhaft für eine Winterweizen - Wintergerste - Winterraps - Fruchtfolge in Abbildung 34 dargestellt. Dabei wurden nur die in Frage kommenden räumlichen Alternativen berücksichtigt. Die übrigen Flächen bestehen überwiegend aus Wäldern, Siedlungen, Verkehrs- und Wasserflächen und wurden deshalb von der Optimierung ausgeschlossen. Als Grundlage für die Erstellung der Kriterienkarte (vgl. Abbildung 33) wurde für jede Landnutzungsoption ein eigenes Abtrags-Raster erstellt. Aufgrund der dabei jeweils als einheitlich angenommenen Landnutzung, zeichnen sie den relativen Einfluss des Reliefs und der Bodenerodibilität räumlich differenziert nach (vgl. Abbildung 34). Da die Optimierung der Landnutzung auf Schlagebene erfolgen soll, wurde für jede Parzelle je Landnutzungsoption der mittlere Bodenabtrag in t/(ha*a) bestimmt und in der Attributtabelle des Landnutzungs-Layers gespeichert. Dieser wird dann als Kriterien-Layer im Rahmen des Optimierungsprozesses verwendet. Eine Normalisierung oder Klassifizierung der Abtragswerte war für das vorgestellte Beispiel nicht notwendig, da lediglich eine Zielfunktion optimiert wurde.

Abb. 34: Der langjährige mittlere Bodenabtrag [t/(ha*a)] nach ABAG für eine Winterweizen - Wintergerste - Winterraps - Fruchtfolge.
Quelle: Kartengrundlage: ATKIS® Basis-DLM, DGM5 u. DOP5, ©LVermA-SH.

Tab. 17: Die szenariospezifischen Ergebnisse der Landnutzungsoptimierung für die Zielfunktion „Minimierung der Bodenerosion".

	Landnutzungsoption	Fläche[1] [%]	Fläche [ha]	Abtrag [t/a]
Szenario 1	WW-WG-WR	40	482	167
	WW-WW-WW	20	242	83
	Mais-Mais-Mais	6	70	60
	Grünland	11	130	6
	Summe	*77*	*925*	*316*
Szenario 2	WW-WG-WR	35	424	129
	WW-WW-WW	15	180	59
	Mais-Mais-Mais	6	70	60
	Grünland	21	250	9
	Summe	*77*	*925*	*257*

[1] In Prozent der Gesamtfläche (ca. 1200 ha)
WW: Winterweizen; WG: Wintergerste; WR: Winterraps

Zur Realisierung der in Tabelle 16 genannten Szenarien wurden zwei Optimierungsaufgaben nacheinander formuliert und gelöst. Die jeweiligen Zielfunktionen sind dabei identisch und wurden als Minimierungsaufgabe formuliert. Die expliziten flächenbezogenen Nebenbedingungen wurden dagegen szenariospezifisch gemäß Tabelle 16 konfiguriert. Der Typ der Entscheidungsvariablen wurde für beide Szenarien als continuous (Menge der reellen Zahlen) festgelegt. Eine in jedem Fall eindeutige Flächenzuordnung, durch die Wahl binärer (binary) Entscheidungsvariablen, konnte für die vorliegende Optimierungsaufgabe nicht realisiert werden (s. hierzu Kapitel 4.3.3). Die entsprechenden Optimierungsvorgänge wurden jeweils nach einer kurzen Wartezeit (wenige Minuten) erfolglos abgebrochen.

4.3.2 Ergebnisse

Die durch den Optimierungsprozess erfolgte Zuteilung der jeweiligen Landnutzungsoptionen zu den räumlichen Alternativen ist für die betrachteten Szenarien in den Abbildungen 35 bzw. 37 dargestellt. Anhand eines optischen Vergleichs mit den aus Abbildung 36 ersichtlichen relativen Unterschieden der Bodenabträge, wurden die Optimierungsergebnisse auf Plausibilität überprüft. Es zeigt sich, dass Landnutzungsoptionen, die einen relativ hohen Erosionsschutz bieten (niedriger C-Faktor-Wert, s. Kapitel 4.3.1), den Flächen mit hoher potenzieller Erosionsgefahr (vgl. Abbildung 36) zugeordnet werden und umgekehrt. Dabei wird die diesem Muster folgende Zuteilung durch die expliziten flächenhaften Nebenbedingungen (s. Tabelle16) beschränkt, was sich in den Optimierungsergebnissen für die beiden Szenarien deutlich widerspiegelt (vgl. Abbildung 35 u. 37). Eine quantitative Zusammenfassung der Ergebnisse in Bezug auf die Bodenabträge der jeweiligen Nutzungsoptionen zeigt Tabelle 17. Dabei

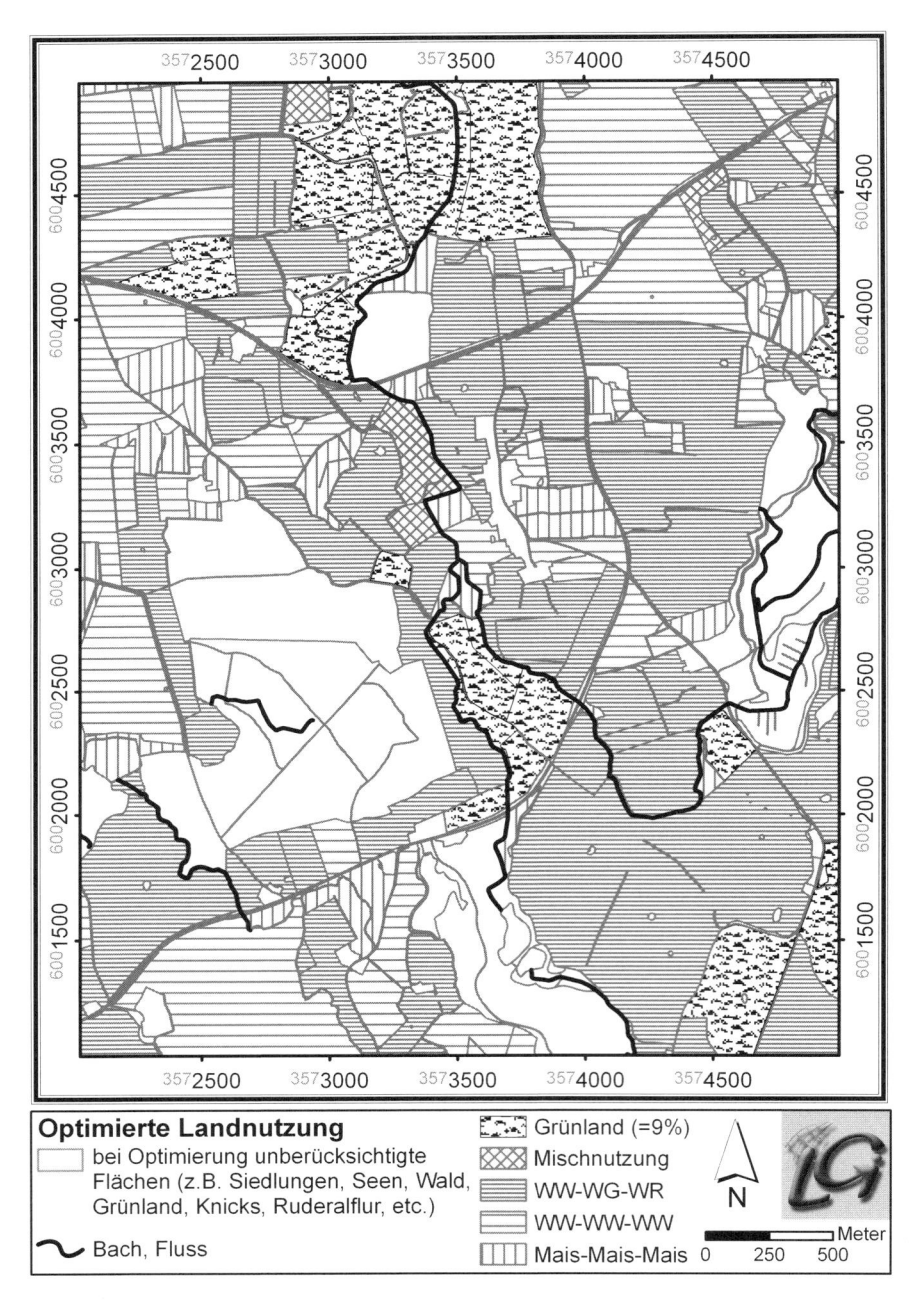

Optimierte Landnutzung
- bei Optimierung unberücksichtigte Flächen (z.B. Siedlungen, Seen, Wald, Grünland, Knicks, Ruderalflur, etc.)
- Bach, Fluss
- Grünland (=9%)
- Mischnutzung
- WW-WG-WR
- WW-WW-WW
- Mais-Mais-Mais

0   250   500 Meter

Abb. 35: Optimale Landnutzungsverteilung für Szenario 1 (Grünlandanteil $\geq 9\%$; WW: Winterweizen; WG: Wintergerste; WR: Winterraps.
Quelle: Kartengrundlage: ATKIS® Basis-DLM u. DOP5, ©LVermA-SH.

Abb. 36: Der schlagbezogene langjährige mittlere Bodenabtrag [t/(ha*a)] nach ABAG für eine Winterweizen-Monokultur.
Quelle: Kartengrundlage: ATKIS® Basis-DLM u. DOP5, ©LVermA-SH).

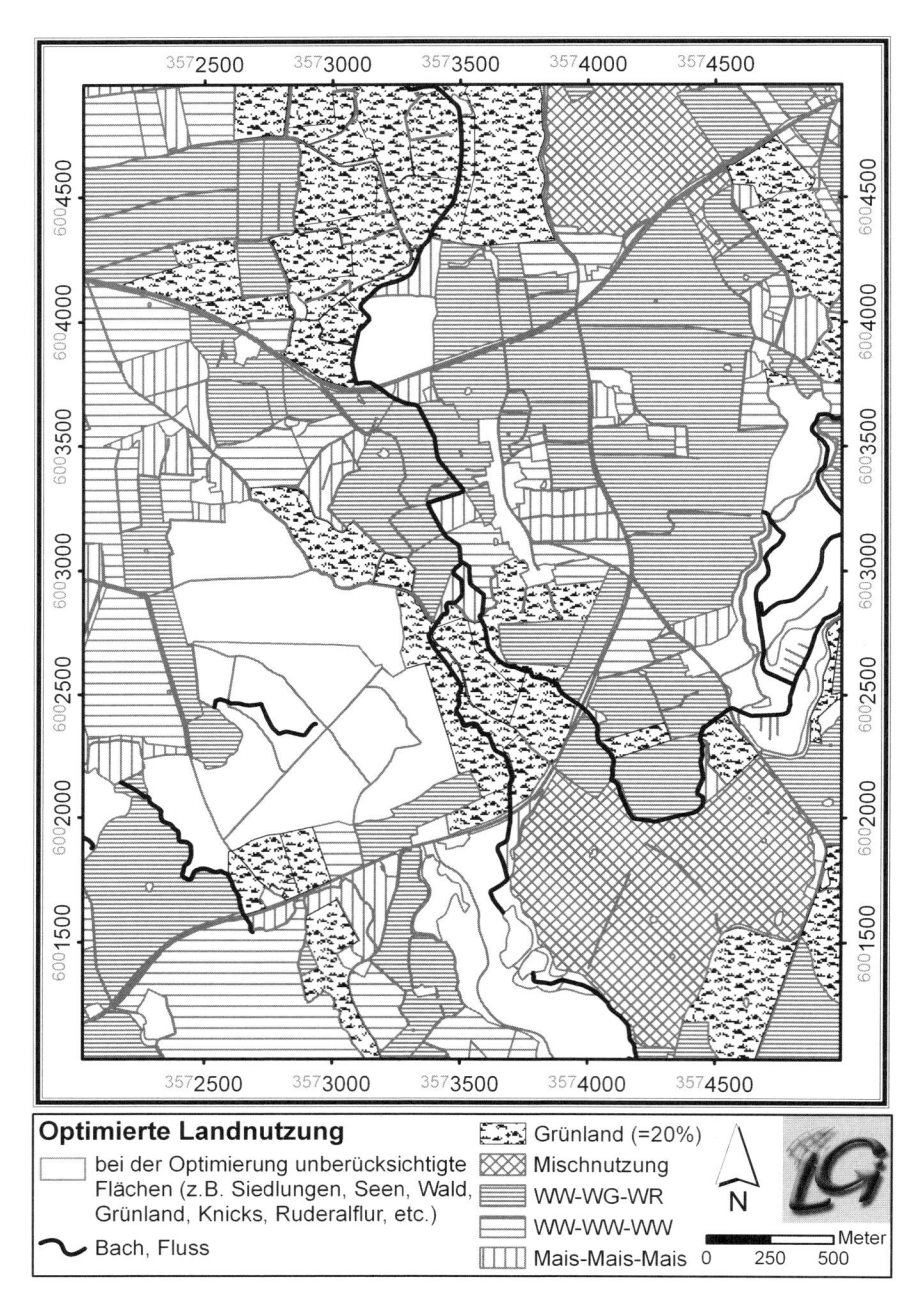

Abb. 37: Optimale Landnutzungsverteilung für Szenario 2 (Grünlandanteil ≥ 20 %; WW: Winterweizen; WG: Wintergerste; WR: Winterraps.
Quelle: Kartengrundlage: ATKIS® Basis-DLM u. DOP5, ©LVermA-SH.

verringert sich erwartungsgemäß der Bodenabtrag in Bezug auf die aufsummierten Abträge der räumlichen Alternativen durch die Erhöhung des Grünlandanteils. Eine quantitative Überprüfung der Optimierungsergebnisse ist auf dieser Grundlage jedoch nicht möglich. Hierzu könnte analog zu Kapitel 4.2.1 eine Monte-Carlo-Simulation durchgeführt werden, bei der anschließend die Abträge der zufälligen Landnutzungsverteilungen mit denen der optimierten Landnutzungsverteilungen verglichen werden.

4.3.3 Diskussion

Das vorgestellte Optimierungsbeispiel zeigt auf der Grundlage des optischen Plausibilitätstest (s. Kapitel 4.3.2), dass das auf der Optimierungsbibliothek (lp_solve) aufgebaute LUMASS-Modul Multiobjective Optimization offensichtlich zur Optimierung der Landnutzungsverteilung geeignet ist. Die Optimierungsaufgabe des vorgestellten Beispiels konnte allerdings nur unter Verwendung kontinuierlicher Entscheidungsvariablen innerhalb einer sehr kurzen Wartezeit von einigen Sekunden gelöst werden. Bei der Wahl binärer Entscheidungsvariablen wurde der Optimierungsprozess jeweils nach einigen Minuten abgebrochen, innerhalb derer lp_solve keine optimale Lösung ermitteln konnte. Binäre oder ganzzahlige Entscheidungsvariablen führen bei gleichzeitiger Formulierung expliziter Nebenbedingungen zu einer Aufgabe der kombinatorischen Optimierung (vgl. WALSER, 1999; EHRGOTT, 2005 u. Kapitel 3.5.2). Der Zeitbedarf für die Lösung derartiger Probleme steigt oft exponentiell mit der Größe des Problems (EHRGOTT 2005) (hier: Anzahl der Entscheidungsvariablen = Anzahl der Nutzungsoptionen * Anzahl der räumlichen Alternativen). Dies ist insbesondere bei der Verwendung der ε-Constraint-Methode (vgl. Kapitel 3.5.2) zur Lösung von MOLP im praktischen Einsatz von Nachteil. Zusätzlich wird durch ganzzahlige und binäre Entscheidungsvariablen, bei gleichzeitiger Formulierung restriktiver Nebenbedingungen, die Menge möglicher Lösungen sehr stark eingeschränkt oder gar leer. In solchen Fällen kann durch die Lockerung der expliziten flächenhaften Nebenbedingungen unter Umständen eine Lösung erzielt werden. Bei der Verwendung kontinuierlicher Entscheidungsvariablen zeigt sich in dem vorliegenden Beispiel, dass sich die Anzahl doppelt belegter räumlicher Alternativen (vgl. Kapitel 3.5.2) in Grenzen hält. Aufgrund der unendlichen Lösungsmenge und des relativ geringen Zeitbedarfs für die Lösung des Optimierungsproblems, scheint die Wahl kontinuierlicher Entscheidungsvariablen für den praktischen Einsatz am geeignetsten zu sein.

Ein prinzipieller Nachteil der implementierten Methode besteht darin, dass Nachbarschaftsbeziehungen zwischen den gegebenen Nutzungsoptionen während des Optimierungsprozesses nicht direkt berücksichtigt werden können. Die in der Literatur beschriebenen Ansätze (vgl. AERTS & HEUVELINK 2002; TOURINO ET AL. 2003) setzen dafür einen speziellen Algorithmus zur Lösung der Optimierungsaufgabe ein. Er gehört zur Klasse der *heuristischen* Optimierungsverfahren (WALSER 1999; COLLETTE & SIARRY 2003), die von der hier verwendeten Softwarebibliothek lp_solve nicht unterstützt werden. Sie eignen sich insbesondere zur Lösung komplexer Optimierungsaufgaben, liefern dafür aber nicht immer effiziente Lösungen des Problems. Der von AERTS & HEUVELINK (2002) und TOURINO ET AL. (2003) verwendete *Simulated annealing*-Algorithmus arbeitet nach einem iterativen Verfahren. Bei jeder Iteration wird eine mögliche Lösung erzeugt, die anhand bestimmter Bedingungen geprüft wird. Kann die Lösung die Bedingung erfüllen, wird sie akzeptiert und zunächst beibehalten. Sie wird dann im nächsten Schritt mit der nächsten möglichen Lösung verglichen usw. Auf diese Weise erzeugen TOURINO ET AL. (2003), unter Anwendung graphentheoretischer Überlegungen, optimale Landnutzungsparzellen. AERTS & HEUVELINK (2002) setzen Simulated annealing für die Erzeugung kompakter Pixelmuster ein. Das Verfahren wird z. B. in AERTS ET AL. (2003) zur Planung eines optimalen Ski-Pistenverlaufs eingesetzt.

Indirekt können aber auch mit LUMASS unter Einsatz von lp_solve Nachbarschaftsbeziehungen berücksichtigt werden. Das setzt voraus, dass sie sich auf eine Fläche beziehen, die nicht zu den räumlichen Alternativen gehört (z. B. ein Naturschutzgebiet). Den benachbarten Parzellen könnte dann für die zu berücksichtigenden Nutzungsoptionen (z. B. eine Chemiefabrik) eine entsprechende Bewertung für ein Nachbarschaftskriterium zugewiesen werden. Dieses könnte dann als Zielfunktion bei der Optimierung berücksichtigt werden.

5   Fazit und Ausblick

Die Entwicklung vollständig integrierter räumlicher Entscheidungsunterstützungssysteme ist mit Hilfe der heutzutage verfügbaren komponentenbasierten Softwaretechnologie technisch unproblematisch. Aus Sicht der Geodatenverarbeitung ergibt sich daraus der große Vorteil, dass alle funktionalen Komponenten des Systems auf einer gemeinsamen Datenbasis aufsetzen und operieren können. Die Konfiguration und Aktualisierung der entsprechenden Datengrundlage kann so zentral vorgenommen werden. Unnötige Redundanzen, die leicht zu einer inkonsistenten Datenbasis führen und erhöhte Speicherkapazitäten erfordern, können so vermieden werden.

Der inhaltliche Schwerpunkt eines SDSS wird durch die funktionale Komponente zur Modellierung räumlicher Prozesse bestimmt. Die Entwicklung fachübergreifender, generischer Systeme wird auch in absehbarer Zeit aufgrund eines fehlenden Universalmodells zur umfassenden Abbildung des räumlichen Prozessgeschehens von Landschaften nicht möglich sein. Dennoch liefert die Integration spezifischer Fachmodelle in die Methodenumgebung von GIS ein leistungsfähiges Werkzeug, das für das Verständnis von Teilprozessen des Landschaftshaushalts und für die Abschätzung von Landschaftsfunktionen in der Planungspraxis eine wertvolle Unterstützung darstellt. Es ermöglicht die flexible Definition und schnelle Berechnung verschiedener Szenarien und Planungsvarianten. Der Einfluss unterschiedlicher Landnutzungen auf den Landschaftshaushalt lässt sich auf diese Weise direkt am Bildschirm simulieren und unterstützt dadurch ein nachhaltiges Flächenmanagement. Problematisch ist bei der Modellintegration die z. T. nicht immer EDV-gerechte Aufbereitung bzw. Spezifikation der entsprechenden Modelle. So können z. B. uneindeutige Klassengrenzen von Eingangsdaten zu unterschiedlichen Implementierungen und damit im schlimmsten Fall, bei gleicher Datengrundlage, zu unterschiedlichen Ergebnissen führen. Vor dem Hintergrund der zunehmenden Anwendung von Fachmodellen in der Planungspraxis und der damit einhergehenden Notwendigkeit vergleichbarer und reproduzierbarer Ergebnisse, haben sich zukünftige Modellentwicklungen und Arbeitsanleitungen (z. B. AG-BODEN, 1994) viel mehr als bisher an den Erfordernissen einer eindeutigen EDV-technischen Umsetzbarkeit auszurichten.

Ein weiteres Problem bei der Anwendung ökologischer Modelle ist die Verfügbarkeit und Qualität der benötigten Eingangsdaten. Nicht immer liegen die Parameter in der erforderlichen räumlichen Auflösung vor oder sie sind als Ergebnis von Interpolations- oder Schätzverfahren mit einer mehr oder weniger großen Unsicherheit behaftet. Methodisch lässt sich diese zwar bei der Modellimplementierung bis zu einem gewissen Grade handhaben, z. B. durch den Einsatz von Fuzzy-Sets, solide und belastbare Modellergebnisse bedürfen jedoch flächenhaft verfügbarer, in einer hohen räumlichen Auflösung vorliegender und qualitativ hochwertiger Eingangsdaten.

So hat z. B. Kapitel 4.2 gezeigt, dass das Auffinden stoffliefernder Flächen und die Lokalisierung potenzieller Stoffaustragsorte mit LUMASS prinzipiell möglich ist. Aufgrund der im Vergleich zum Prozessgeschehen allerdings zu geringen räumlichen Auflösung des DGM, konnten aber nur ca. 60 % der tatsächlichen Austragsstellen abgebildet werden. Die Verwendung einer höher aufgelösten Datengrundlage verspricht hier insgesamt eine qualitative Verbesserung der Modellergebnisse. Weiterer Forschungsbedarf besteht hinsichtlich der Untersuchung des Einflusses linearer abflusswirksamer Strukturelemente der Landschaft auf oberirdische Stofftransporte. So existieren bislang keine quantitativ fassbaren Erkenntnisse darüber, wie sich die Beschaffenheit (z. B. Breite, Art und Bedeckungsgrad der Vegetation, etc.) der Abflusshindernisse auf die Menge und Stofffracht des Oberflächenabflusses auswirkt.

Die Integration „intelligenter" Methoden zur Entscheidungsunterstützung in GIS führt zur Entwicklung leistungsfähiger und umfassender Planungswerkzeuge, die den Anwender in allen Phasen räumlicher Planungsprozesse mit geeigneten Funktionen unterstützen (vgl. Kapitel 2.2). Die Ergebnisse, die sich aus der Modellierung räumlicher Prozesse ergeben, lassen sich so auch in schlecht strukturierbaren Entscheidungssituationen optimal in Wert setzen und fördern damit auch den Einsatz und die Akzeptanz von GIS und Modellen im Planungsalltag. Das hier vorgestellte Modul Multiobjective Optimization zur Optimierung flächenbezogener Ressourcenallokationen, kann effektiv zur ökologischen Optimierung von Landnutzungsprozessen und -mustern eingesetzt werden (vgl. Kapitel 4.3). Aufgrund der fachlich neutralen Konzeption der Benutzerschnittstelle zur Abbildung räumlicher Optimierungsaufgaben in die mathematische Standardform der linearen multikriteriellen Optimierung (vgl. Kapitel 3.5.2), lassen sich neben ökologischen Kriterien auch ökonomische und soziale Kriterien bei der Landnutzungsoptimierung gleichrangig berücksichtigen. Darüberhinaus sind auch andere Anwendungsfelder, wie z. B. die Optimierung des Düngemittel- und Pestizideinsatzes mit LUMASS denkbar.

6   Zusammenfassung

Die wachsende Komplexität räumlicher Planungprozesse verlangt nach immer leistungsfähigeren und intelligenteren Planungswerkzeugen. Zu diesem Zwecke werden heutzutage Geographische Informationssysteme (GIS) eingesetzt. Sie zeichnen sich durch einen umfangreichen Satz an leistungsfähigen Werkzeugen zur Verarbeitung, Analyse und Präsentation raumbezogener Daten aus. Ihre Fähigkeiten zur intelligenten Unterstützung des Planungsprozesses sind allerdings begrenzt und haben sich in den letzten 15 Jahren nicht nennenswert weiterentwickelt. Zur Realisierung umfangreicher und komplexer Planungsaufgaben werden GIS deshalb um zusätzliche funktionale Komponenten zu raumbezogenen Entscheidungsunterstützungssystemen (Spatial Decision Support System, SDSS) erweitert.

Die Auswertung der internationalen Fachliteratur zu diesem Thema zeigt, dass der Begriff des SDSS nicht einheitlich und oft unscharf verwendet wird. Die Arbeit wertet daher die in der Literatur diskutierten funktionalen und strukturellen Aspekte der als SDSS bezeichneten Systeme aus und entwickelt auf dieser Grundlage eine Definition räumlicher Entscheidungsunterstützungssysteme. Anschließend wird unter Berücksichtigung der funktionalen und strukturellen Anforderungen an SDSS die Konzeption und Implementierung des im Rahmen der Arbeit entwickelten *Land Use Management Support System* (LUMASS) vorgestellt. Es basiert auf dem Geographischen Informationssystem ArcGIS™ der Firma ESRI® und stellt dem Anwender für alle im Rahmen des nachhaltigen Landmanagements anfallenden Aufgaben entsprechende Werkzeuge und Funktionen bereit:

- Verarbeitung und Analyse geographischer Daten,
- Abschätzung und Bewertung des anthropogenen Einflusses auf landschaftshaushaltliche Funktionen,
- Generierung optimaler Landnutzungsmuster unter Berücksichtigung ökologischer, ökonomischer und / oder sozialer Kriterien.

Inhaltlich ist LUMASS für den Einsatz im Boden- und Gewässerschutz konzipiert. Die implementierten Methoden und Modelle zur Abschätzung von Landschaftsfunktionen orientieren sich dabei an den im Bundesbodenschutzgesetz verankerten Grundsätzen für die gute fachliche Praxis in der Landwirtschaft (BBodSchG §17 Abs. 2) sowie an den Anforderungen der Europäischen Wasserrahmenrichtlinie (2000 / 60 / EG, Anhang II). Im Einzelnen umfasst dies folgende Methoden und Funktionen:

- Berechnung einfacher und komplexer Reliefparameter (z. B. Hangneigung, Hangneigungsrichtung, Wetness-Index, Einzugsgebiet von Hangpunkten, etc.),
- Modellierung oberirdischer Abflusspfade inklusive Berücksichtigung abflusswirksamer linearer Strukturelemente (z.B. Straßen, Gräben, Grünstreifen, etc.),
- Abschätzung des wasserbedingten Bodenabtrags,

- Lokalisierung und Abschätzung oberirdischer Stoffausträge in angrenzende Parzellen bzw. Gewässer,
- Abschätzung der Grundwasserneubildung, der jährlichen Austauschhäufigkeit des Bodenwassers und der Nitratkonzentration im Sickerwasser und
- Abschätzung der mechanischen Belastbarkeit von Böden; Berechnung des schlagbezogenen Flächenanteils von Böden mit definierter mechanischer Belastbarkeit.

Zusätzlich implementiert LUMASS eine Reihe von Methoden zur Ableitung bodenkundlicher Parameter gemäß der Methodendokumentation Bodenkunde (AG-BODEN 2000), die z. T. als Eingangsparameter für die oben genannten Funktionen benötigt werden.

Die automatische Generierung optimaler Landnutzungsmuster wird durch die Einbindung des *Open Source (Mixed-Integer) Linear Programming System* lp_solve (BERKELAAR ET AL. 2004) realisiert. Für die Formulierung geographischer Optimierungsaufgaben wird dazu eine problemneutral implementierte Benutzerschnittstelle vorgestellt, die die Abbildung flächenbezogener räumlicher Allokationsprobleme in die mathematische Standardform der linearen multikriteriellen Optimierung vornimmt. Sofern von lp_solve eine Lösung für die Optimierungsaufgabe gefunden wird, lässt sich das Ergebnis anschließend von LUMASS automatisch in eine kartographische Darstellung umsetzen.

Im Rahmen der Anwendung des Systems zur Lokalisierung und Abschätzung potenzieller oberirdischer Stoffausträge, wird insbesondere der Einfluss unsicherer digitaler Geländehöhendaten auf die Austragsprognose mit Hilfe stochastischer Simulationen untersucht. Generell zeigt sich für die im Untersuchungsgebiet modellierten potenziellen Übertrittsstellen, dass der Einfluss unsicherer Höhendaten mit der Größe der den Übertritten zugeordneten Einzugsgebietsfläche steigt. Je größer jedoch die mittlere Hangneigung des Einzugsgebietes ist, desto geringer zeigt sich der Einfluss unsicherer Höhendaten auf die Stoffausträge. Insgesamt bleibt der Einfluss der simulierten Geländehöhenmodelle aber unterhalb der Aussagegenauigkeit des verwendeten Prognosemodells und ist damit für das Untersuchungsgebiet nicht signifikant. Die Überprüfung von mit LUMASS modellierten potenziellen Austragsstellen anhand im Feld kartierter realer Übertritte zeigt, dass ca. 60 % der realen Übertritte von LUMASS auf der Grundlage des gegebenen DGM erfasst werden können. Insbesondere diejenigen Übertritte, die im Anschluss linearer Leitbahnen (z. B. Fahrspuren) auftreten, deren räumliche Ausmaße unterhalb der Auflösung des DGM liegen, können von LUMASS nicht erfasst werden.

Abschließend werden der Arbeitsgang und die Anwendung des Systems zur Generierung optimaler Landnutzungsmuster exemplarisch aufgezeigt. Dabei wird für ein schleswig-holsteinisches Untersuchungsgebiet die optimale räumliche Anordnung vorgegebener Flächenanteile gebietstypischer Fruchtfolgen und Grünlandnutzung gesucht, so dass Bodenerosion und Stoffausträge im Untersuchungsgebiet minimiert werden. Anhand der Berechnung zweier Szenarien, die sich hinsichtlich der Flächenanteile ihrer Nutzungsoptionen unterscheiden, wird deutlich, dass LUMASS effektiv zur Landnutzungsoptimierung eingesetzt werden kann. In beiden Szenarien werden die relativ erosionsmindernden Kulturen bzw. Fruchtfolgen denjenigen Flächen zugeordnet, die die höchste relative Erosionsdisposition aufweisen und umgekehrt.

7 Literaturverzeichnis

AERTS, J. C. J. H. & G. B. M. HEUVELINK (2002): Using Simulated Annealing for Resource Allocation. In: International Journal of Geographical Information Science, 16 (6), S. 571–587.

AERTS, J. C. J. H., G. B. M. HEUVELINK & M. F. GOODCHILD (2003): Accounting for Spatial Uncertainty in Optimization with Spatial Decision Support Systems. In: Transactions in GIS, 7 (2), S. 211–230.

AG-BODEN (1994): Bodenkundliche Kartieranleitung. 4. Aufl. Hannover.

AG-BODEN (2000): Methodendokumentation Bodenkunde: Auswertungsmethoden zur Beurteilung der Empfindlichkeit und Belastbarkeit von Böden. Stuttgart.

AG-BODEN (2005): Bodenkundliche Kartieranleitung. 5. Aufl. Hannover.

ANDRIENKO, N. & G. ANDRIENKO (2001): Intelligent Support for Geographic Data Analysis and Decision Making in the Web. In: Journal of Geographic Information and Decision Analysis, 5 (2), S. 115–128.

BARSCH, H. (2005): Landschaftsnutzung und -gestaltung. In: STEINHARDT, U., O. BLUMENSTEIN & H. BARSCH (Hrsg.): Lehrbuch der Landschaftsökologie, S. 226–276.

BARTELME, N. (2000): Geoinformatik - Modelle, Strukturen, Funktionen. Berlin, Heidelberg.

BASTIAN, O. (1999): Landschaftsfunktionen als Grundlage von Leitbildern für Naturräume. In: Natur und Landschaft, 74 (9), S. 361–373.

BENKER, H. (2003): Mathematische Optimierung mit Computeralgebrasystemen. Berlin u. a.

BERKELAAR, M., K. EIKLAND & P. NOTEBAERT (2004): lp_solve - Open Source (Mixed-Integer) Linear Programming system. URL: http://groups.yahoo.com/group/lp_solve/ (Stand: 04.01.2005).

BILL, R. (1999): Grundlagen der Geo-Informationssysteme. Bd. 2: Analysen, Anwendungen und neue Entwicklungen. Heidelberg.

BOSSEL, H. (1999): Ökosystemar basierte Leitbilder für eine Nachhaltige Entwicklung. In: FRÄNZLE, O., F. MÜLLER & W. SCHRÖDER (Hrsg.): Handbuch der Umweltwissenschaften: Grundlagen und Anwendungen der Ökosystemforschung, S. 17.

BRIMICOMBE, A. J. & J. M. BARTLETT (1996): Linking GIS with Hydraulic Modeling for Flood Risk Assessment: The Hong Kong Approach. In: GOODCHILD, M. F., L. T. STEYAERT, B. O. PARKS, C. JOHNSTON, D. MAIDMENT, M. CRANE & S. GLENDINNING (Hrsg.): GIS and Environmental Modeling: Progress and Research Issues, S. 165–168.

BURROUGH, P. A. & R. A. MCDONNELL (1998): Principles of Geographical Information Systems: Spatial Information Systems and Geostatistics. Oxford.

CARVER, S. (1991): Integrating Multi-Criteria Evaluation with Geographical Information Systems. In: International Journal of Geographical Information Science, 5 (3), S. 321–339.

CARVER, S. (1999): Developing Web-based GIS/MCE: Improving Access to Data

And Spatial Decision Support Tools. In: THILL, J.-C. (Hrsg.): Spatial Multicriteria Decision Making and Analysis – A Geographic Information Sciences Approach, S. 49–75.

CHAKHAR, S. & J.-M. MARTEL (2003): Enhancing Geographical Information Systems Capabilities with Multi-Crietria Evaluation Functions. In: Journal of Geographic Information and Decision Analysis, 7 (2), S. 47–71.

CLARKE, K. C. & G. OLSEN (1996): Refining a Cellular Automaton Model of Wildfire Propagation and Extinction. In: GOODCHILD, M. F., L. T. STEYAERT, B. O. PARKS, C. JOHNSTON, D. MAIDMENT, M. CRANE & S. GLENDINNING (Hrsg.): GIS and Environmental Modeling: Progress and Research Issues, S. 333–338.

CLARKE, M. (1990): Geographical Information Systems and Model Based Analysis: Towards Effective Decision Support Systems. In: SCHOLTEN, H. J. & J. C. H. STILLWELL (Hrsg.): Geographical Information Systems for Urban and Regional Planning, S. 165–175.

CLAYTON, D. & N. WATERS (1999): Distributed Knowledge, Distributed Processing, Distributed Users: Integrating Case-based Reasoning and GIS for Multicriteria Decision Making. In: THILL, J.-C. (Hrsg.): Spatial Multicriteria Decision Making and Analysis – A Geographic Information Sciences Approach, S. 275–307.

COLLETTE, Y. & P. SIARRY (2003): Multiobjective Optimization: Principles and Case Studies. Decision Engineering. Berlin.

COPPOCK, J. T. & D. W. RHIND (1993): The History of GIS. In: MAGUIRE, D. F., M. F. GOODCHILD & D. W. RHIND (Hrsg.): Geographical Information Systems. Volume 1: Principles, S. 21–43.

COWEN, D. J. (1988): GIS versus CAD versus DBMS: What are the differences? In: Photogrammetric Engineering and Remote Sensing, 54 (1), S. 1551–1555.

CROSETTO, M. & S. TARANTOLA (2001): Uncertainty and Sensitivity Analysis: Tools for GIS-Based Model Implementation. In: International Journal of Geographical Information Science, 15 (5), S. 415–437.

DENSHAM, P. J. (1993): Spatial Decision Support Systems. In: MAGUIRE, D. F., M. F. GOODCHILD & D. W. RHIND (Hrsg.): Geographical Information Systems. Volume 1: Principles, S. 403–412.

DENZER, R. (2002): Generic Integration in Environmental Information and Decision Support Systems. In: RIZZOLI, A. E. & A. J. JAKEMAN (Hrsg.): Integrated Assessment and Decisoin Support, Proceedings of the First Biennial Meeting of the International Environmental Modelling and Software Society, iEMSs, S. 53–60.

DESMET, P. J. J. & G. GOVERS (1996): A GIS Procedure for Automatically Calculating the USLE LS Factor on Topographically Complex Landscape Units. In: Journal of Soil and Water Conservation, 51 (5), S. 427–433.

DEUTSCH, C. V. & A. G. JOURNEL (1998): GSLIB - Geostatistical Software Library and User's Guide. New York, Oxford.

DJOKIC, D. (1996): Toward a General-Purpose Decision Support System Using Existing Technologies. In: GOODCHILD, M. F., L. T. STEYAERT, B. O. PARKS, C. JOHNSTON, D. MAIDMENT, M. CRANE & S. GLENDINNING (Hrsg.): GIS and Environmental Modeling: Progress and Research Issues, S. 353–356.

DUTTMANN, R. (1999a): Geographische Informationssysteme (GIS) und raumbezogene Prozeßmodellierung in der Angewandten Landschaftsökologie. In: SCHNEIDER-SLIWA, R., D. SCHAUB & G. GEROLD (Hrsg.): Angewandte Landschaftsökologie - Grundlagen und Methoden, S. 181–199.

DUTTMANN, R. (1999b): Geoökologische Informationssysteme und raumbezogene Datenverarbeitung. In: ZEPP, H. & M. J. MÜLLER (Hrsg.): Landschaftsökologische Erfassungsstandards, S. 363–437.

DUTTMANN, R. (1999c): Partikuläre Stoffverlagerungen in Landschaften: Ansätze zur flächenhaften Vorhersage von Transportpfaden und Stoffumlagerungen auf verschiedenen Maßstabsebenen unter besonderer Berücksichtigung räumlich-zeitlicher Veränderungen der Bodenfeuchte. In: Geosynthesis, 10.

DUTTMANN, R. & A. HERZIG (2002): Vorhersage von Boden- und Gewässerbelastungen mit einem GIS-basierten Prognosesystem. In: MAYR, A., M. MEURER & J. VOGT (Hrsg.): Stadt und Region - Dynamik von Lebenswelten, S. 439–450.

DUTTMANN, R., A. HERZIG & M. BACH (2005): Prozessmodellierung in der Landschaftsökologie - Modellanwendungen zum Boden- und Gewässerschutz. In: Regio Basiliensis, 46 (1), S. 49–58.

DVWK, D. V. F. W. U. K. E. V. (Hrsg.): (1984): Arbeitsanleitung zur Anwendung von Niederschlag-Abfluss-Modellen in kleinen Einzugsgebieten. Teil 2: Synthese, *DVWK Regeln zur Wasserwirtschaft*, 113. Bonn.

DVWK, D. V. F. W. U. K. E. V. (Hrsg.): (1995): Gefügestabilität ackerbaulich genutzter Mineralböden. Teil 1: Mechanische Belastbarkeit, *DVWK Merkblätter zur Wasserwirtschaft*, 234. Bonn.

EASTMAN, J. R. (2003): Decision Support: Decision Strategy Anaylsis. In: IDRISI Kilimanjaro - Guide to GIS and Image Processing, S. 145–166.

EHRGOTT, M. (2005): Multicriteria Optimization. Berlin, Heidelberg.

ELDRANDALY, K., N. ELDIN & D. SUI (2003): A COM-based Spatial Decision Support System for Industrial Site Selection. In: Journal of Geographic Information and Decision Analysis, 7 (2), S. 72–92.

EMMI, P. C. & C. A. HORTON (1996): Seismic Risk Assessment, Accuracy Requirements, and GIS-Based Sensitivity Analysis. In: GOODCHILD, M. F., L. T. STEYAERT, B. O. PARKS, C. JOHNSTON, D. MAIDMENT, M. CRANE & S. GLENDINNING (Hrsg.): GIS and Environmental Modeling: Progress and Research Issues, S. 191–195.

FALL, A., D. G. MORGAN & D. DAUST (2001): A Framwwork and Software Tool to Support Collaborative Landscape Analysis: Fitting Square Pegs into Square Holes. In: Transactions in GIS, 5 (1), S. 67–86.

FAVIS-MORTLOCK, D. T. (1997a): Modeling Soil Erosion by Water. Berlin.

FAVIS-MORTLOCK, D. T. (1997b): Validation of Field Scale Soil Erosion Models using common Data Sets. In: FAVIS-MORTLOCK, D. T. (Hrsg.): Modeling

Soil Erosion by Water, S. 89–127.
FEDRA, K. (1996): Distributed Models and Embedded GIS: Integration Strategies and Case Studies. In: GOODCHILD, M. F., L. T. STEYAERT, B. O. PARKS, C. JOHNSTON, D. MAIDMENT, M. CRANE & S. GLENDINNING (Hrsg.): GIS and Environmental Modeling: Progress and Research Issues, S. 413–417.
FEDRA, K. & R. F. REITSMA (1990): Decision Support And Geographical Information Systems. In: SCHOLTEN, H. J. & J. C. H. STILLWELL (Hrsg.): Geographical Information Systems for Urban and Regional Planning, S. 177–188.
FELDWISCH, N., H.-G. FREDE & F. HECKER (1999): Verfahren zum Abschätzen der Erosions- und Auswaschungsgefahr. In: FREDE, H.-G. & S. DABBERT (Hrsg.): Handbuch zum Gewässerschutz in der Landwirtschaft, S. 22–57.
FISCHER, G. & M. MAKOWSKI (2000): Land Use Planning. In: WIERZBICKI, A. P., M. MAKOWSKI & J. WESSELS (Hrsg.): Model-Based Decision Support Methodology with Environmental Applications, S. 333–365.
FISHER, P. F. (1998): Improved Modelling of Elevation Error with Geostatistics. In: GeoInformatica, 2, S. 215–233.
FOSTER, G. R., L. D. MEYER & C. A. ONSTAD (1977): A Runoff Erosivity Factor and Variable Slope Length Exponents for Soil Loss Estimates. In: Transactions of the American Society of Agricultural Engineers, 20 (4), S. 683–687.
FRÄNZLE, O. (1981): Erläuterungen zur Geomorphologischen Karte 1:25000 der Bundesrepublik Deutschland - GMK 25 Baltt 8, 1826 Bordesholm. Stuttgart.
FRÄNZLE, O., F. MÜLLER & W. SCHRÖDER (1997): Handbuch der Umweltwissenschaften: Grundlagen und Anwendungen der Ökosystemforschung. Landsberg.
FRYSINGER, S. P., D. A. COPPERMAN & J. P. LEVANTINO (1996): Environmental Decision Support System (EDSS): An Open Architecture Integrating Modeling and GIS. In: GOODCHILD, M. F., L. T. STEYAERT, B. O. PARKS, C. JOHNSTON, D. MAIDMENT, M. CRANE & S. GLENDINNING (Hrsg.): GIS and Environmental Modeling: Progress and Research Issues, S. 357–361.
FÜRST, D. & H. KIEMSTEDT (1997): Umweltbewertung. In: Handbuch der Umweltwissenschaften, 2 (VI-3.4), S. 1–14.
GARCIA, S. G. (2004): GRASS GIS-embedded Decision Support Framework for Flood Simulation and Forecasting. In: Transactions in GIS, 8 (2), S. 245–254.
GEERTMAN, S. C. M. & F. J. TOPPEN (1990): Regional Planning for New Housing in Randstad Holland. In: SCHOLTEN, H. J. & J. C. H. STILLWELL (Hrsg.): Geographical Information Systems for Urban and Regional Planning, S. 95–106.
GEOFFRION, A. M. (1983): Can OR/MS Evolve Fast Enough? In: Interfaces, 13, S. 10–25.
GLAWION, R. & H. ZEPP (Hrsg.): (2000): Probleme und Strategien ökologischer Landschaftsanalyse und -bewertung, *Forschungen zur Deutschen Landeskunde*, 246. Flensburg.
GOODCHILD, M. F. (2000): Introduction: Special Issue on 'Uncertainty in Geogra-

phic Information Systems'. In: Fuzzy Sets and Systems, 113, S. 3–5.

GOOVAERTS, P. (1997): Geostatistics fo Natural Resources Evaluation. Oxford.

GRABAUM, R. (1996): Verfahren der polyfunktionalen Bewertung von Landschaftselementen einer Landschaftseinheit mit anschließender 'Multicriteria Optimization' zur Generierung vielfältiger Landnutzungsoptionen. Berichte aus der Geowissenschaft. Aachen.

GRABAUM, R. & B. C. MEYER (1997): Landschaftsökologische Bewertungen und multikriterielle Optimierung mit Geographischen Informationssystemen (GIS). In: Photogrammetrie, Fernerkundung, Geoinformation, 2, S. 117–130.

GRABAUM, R., B. C. MEYER & H. MÜHLE (1999): Landschaftsbewertung und -optimierung. Ein integratives Konzept zur Landschaftsentwicklung, *UFZ-Bericht*, 32. Leipzig-Halle.

GRABAUM, R. & U. STEINHARDT (Hrsg.): (1998): Landschaftsbewertung unter Verwendung analytischer Verfahren und Fuzzy-Logic. Leipzig-Halle.

HAWKINS, R. H., A. T. HJELMFELT & A. W. ZEVENBERGEN (1985): Runoff Probability, Storm Depth, and Curve Numbers. In: Journal of Irrigation and Drainage Engineering, 111 (4), S. 330–339.

HEBEL, B. (2003): Validierung numerischer Erosionsmodelle in Einzelhang- und Einzugsgebiet-Dimension, *Physiogeographica - Basler Beiträge zur Physiogeographie*, 32. Basel.

HERZIG, A. (1999): Automatische Bodenerosionsabschätzung für Anwender. GIS-taugliche Umsetzung und Oberflächenprogrammierung des C-Faktors und Anwendung im Gebiet Ilde. Unveröffentlichte Diplomarbeit am Geogr. Inst. d. Universität Hannover.

HEUVELINK, G. B. M. (1998): Error Propagation in Environmental Modelling With GIS. Research Monographs in GIS. London u. a.

HOFFMANN, A. (1998): Paradigms of Artificial Intelligence. Singapur.

HOLMES, K. W., O. A. CHADWICK & P. C. KYRIAKIDIS (2000): Error in a USGS 30-Meter Digital Elevation Model and Its Impact on Terrain Modelling. In: Journal of Hydrology, 233, S. 154–173.

HOLMGREN, P. (1994): Multiple Flow Direction Algorithms for Runoff Modelling in Grid Based Elevation Models: An Empirical Evaluation. In: Hydrological Processes, 8, S. 327–334.

HORN, B. K. (1981): Hill shading and the reflectance map. In: Proceedings of the IEEE, 69 (1), S. 14–47.

HUNTER, G. J. & M. F. GOODCHILD (1995): Dealing with Error in Spatial Databases: A simple Case Study. In: Photogrammetric Engineering and Remote Sensing, 61, S. 529–537.

HWANG, C.-L. & K. YOON (1981): Multiple Attribute Decision Making: Methods and Applications. Berlin.

JANKOWSKI, P. (1995): Integrating Geographical Information Systems and Multiple Criteria Decision-Making Methods. In: International Journal of Geographical Information Science, 9 (3), S. 251–273.

JANKOWSKI, P., N. ANDRIENKO & G. ANDRIENKO (2001): Map-Centered Explora-

tory Approach to Multiple Criteria Spatial Decision Making. In: International Journal of Geographical Information Science, 15 (2), S. 101–127.
JANKOWSKI, P. & M. STASIK (1997): Design Considerations for Space and Time Distributed Collaborative Spatial Decision Making. In: Journal of Geographic Information and Decision Analysis, 1 (1), S. 1–9.
JANSSEN, R. (1996): Multiobjective Decision Support for Environmental Management, *Environment & Management*, 2. Dordrecht u. a.
JANSSEN, R. & P. RIETVELD (1990): Multicriteria Analysis and Geographical Information Systems: An Application to Agricultural Land Use in the Netherlands. In: SCHOLTEN, H. J. & J. C. H. STILLWELL (Hrsg.): Geographical Information Systems for Urban and Regional Planning, S. 129–139.
JIANG, J. & J. R. EASTMAN (2000): Application of Fuzzy Measures in Multi-Criteria Evaluation in GIS. In: International Journal of Geographical Information Science, 14 (2), S. 173–184.
JOERIN, F. & A. MUSY (2000): Land Management with GIS and Multicriteria Analysis. In: International Transactions in Operational Research, 7, S. 67–78.
JOHNSTON, K. M. (1990): Geoprocessing and Geographic Information System Hardware and Software: Looking Toward the 1990s. In: SCHOLTEN, H. J. & J. C. H. STILLWELL (Hrsg.): Geographical Information Systems for Urban and Regional Planning, S. 215–227.
JONES, K. H. (1997): A Comparison of Algorithms Used To Compute Hill Slopes and Aspects as a Property of the DEM. In: BURROUGH, P. A. & R. A. MC DONNELL (Hrsg.): Principles of Geographical Information Systems: Spatial Information Systems and Geostatistics, S. 191.
JONES, M. & G. TAYLOR (2004): Data Integration Issues for a Farm Decision Support System. In: Transactions in GIS, 8 (4), S. 459–477.
JØRGENSEN, S. E. (1994): Fundamentals of Ecological Modelling, *Developments in Environmental Modelling*, 19. Amsterdam.
KEISLER, J. & R. C. SUNDELL (1997): Combining Multi-Attribute Utility and Geographic Information for Boundary Decisions: An Application to Park Planning. In: Journal of Geographic Information and Decision Analysis, 1 (2), S. 100–119.
KELLER, C. P. & J. D. STRAPP (1996): Multicriteria Decision Support for Land Reform Using GIS and API. In: GOODCHILD, M. F., L. T. STEYAERT, B. O. PARKS, C. JOHNSTON, D. MAIDMENT, M. CRANE & S. GLENDINNING (Hrsg.): GIS and Environmental Modeling: Progress and Research Issues, S. 363–366.
KLUG, H. & R. LANG (1983): Einführung in die Geosystemlehre. Darmstadt.
KWAKU KYEM, P. A. (2001): An Application of Choice Heuristic Algorithm for Managing Land Resource. In: Transactions in GIS, 5 (2), S. 111–129.
LAM, D. & C. PUPP (1996): Integration of GIS, Expert Systems, and Modeling for State-of-Environment Reporting. In: GOODCHILD, M. F., L. T. STEYAERT, B. O. PARKS, C. JOHNSTON, D. MAIDMENT, M. CRANE & S. GLENDINNING (Hrsg.): GIS and Environmental Modeling: Progress and Research Issu-

es, S. 419–422.
LAUSCH, A. (2003): Integration of Spatio-Temporal Landscape Analysis in Model Approaches. In: HELMING, K. & H. WIGGERING (Hrsg.): Sustainable Development of Multifunctional Landscapes, S. 111–123.
LEE, J. (2004): A First Course in Combinatorial Optimization. Cambridge.
LESER, H. (1997): Landschaftsökologie - Ansatz, Modelle, Methodik, Anwendung. Stuttgart.
LI, L., J. WANG & C. WANG (2005): Typhoon Insurance Pricing with Spatial Decision Support Tools. In: International Journal of Geographical Information Science, 19 (3), S. 363–384.
LIANG, C. & D. S. MACKAY (2000): A General Model of Watershed Extraction and Representation Using Globally Optimal Flow Paths and Up-Slope Contributing Areas. In: International Journal of Geographical Information Science, 14 (4), S. 337–358.
LÖFFLER, J. & U. STEINHARDT (2004): Herleitung von Landschaftsbildern für die Landschaftsbewertung. In: Beitr. Forstwirtsch. u. Landsch.ökol., 38 (3), S. 147–154.
LÖWE, P. (2004): A Spatial Decsion Support System for Radarmeteorology Data in South Africa. In: Transactions in GIS, 8 (2), S. 235–244.
MACDONALD, M. L. & B. G. FABER (1999): Exploring the Potential of Multicriteria Spatial Decision Support Systems: A System for Sustainable Land-use Planning and Design. In: THILL, J.-C. (Hrsg.): Spatial Multicriteria Decision Making and Analysis – A Geographic Information Sciences Approach, S. 353–377.
MAGUIRE, D. J., M. F. GOODCHILD & D. W. RHIND (Hrsg.): (1993a): Geographical Information Systems: Principles and Applications, 1. Harlow, Essex.
MAGUIRE, D. J., M. F. GOODCHILD & D. W. RHIND (Hrsg.): (1993b): Geographical information systems: Principles and Applications, 2. Harlow, Essex.
MAKOWSKI, M. & A. P. WIERZBICKI (2000): Architecture of Descion Support Systems. In: WIERZBICKI, A. P., M. MAKOWSKI & J. WESSELS (Hrsg.): Model-Based Decision Support Methodology with Environmental Applications, S. 47–70.
MALCZEWSKI, J. (1999a): GIS and Multicriteria Decision Analysis. New York u. a.
MALCZEWSKI, J. (1999b): Spatial Multicriteria Decision Analysis. In: THILL, J.-C. (Hrsg.): Spatial Multicriteria Decision Making and Analysis – A Geographic Information Sciences Approach, S. 11–48.
MALCZEWSKI, J. (2000): On the Use of Weighted Linear Combination Method in GIS: Common and Best Practice Approaches. In: Transactions in GIS, 4 (1), S. 5–22.
MARINONI, O. (2005): A Stochastic Spatial Decision Support System Based on PROMETHEE. In: International Journal of Geographical Information Science, 19 (1), S. 51–68.
MARK, D. M. (1988): Network Models in Geomorphology. In: ANDERSON, M. G. (Hrsg.): Modelling Geomorphological Systems, S. 73–97.

MAYR, A., M. MEURER & J. VOGT (Hrsg.): (2002): Stadt und Region - Dynamik von Lebenswelten. Leipzig.

MCCOOL, D. K., L. C. BROWN & G. R. FOSTER (1987): Revised Slope Steepness Factor for the Universal Soil Loss Equation. In: Transactions of the American Society of Agricultural Engineers, 30, S. 1387–1396.

MCCOOL, D. K., G. R. FOSTER, C. K. MUTCHLER & L. D. MEYER (1989): Revised Slope Length Factor for the Universal Soil Loss Equation. In: Transactions of the American Society of Agricultural Engineers, 32 (5), S. 1571–1576.

MCCOOL, D. K., G. E. GEORGE, M. FRECKLETON, C. L. DOUGLAS & R. I. PAPENDICK (1993): Topographic Effect of Erosion from Cropland in the Northwestern Wheat Region. In: Transactions of the American Society of Agricultural Engineers, 36, S. 771–775.

MENDOZA, G., A. B. ANDERSON & G. Z. GERTNER (2002a): Integrating Multicriteria Analysis and GIS for Land Condition Assessment: Part I - Evaluation and Restoration of Military Training Areas. In: Journal of Geographic Information and Decision Analysis, 6 (1), S. 1–16.

MENDOZA, G., A. B. ANDERSON & G. Z. GERTNER (2002b): Integrating Multicriteria Analysis and GIS for Land Condition Assessment: Part II - Allocation of Military Training Areas. In: Journal of Geographic Information and Decision Analysis, 6 (1), S. 17–30.

MEYER, M. (2000): Entwicklung und Modellierung von Planungsszenarien für die Landnutzung im Gebiet der Bornhöveder Seenkette. Kiel.

MEYNEN, E. & J. SCHMITHÜSEN (1962): Handbuch der naturräumlichen Gliederung Deutschlands. Bad Godesberg.

MISHRA, S. K. & V. P. SINGH (2003): Soil Conservation Service Curve Number (SCS-CN) Methodology. Dordrecht u. a.

MOORE, I. D., R. B. GRAYSON & A. R. LADSON (1993): Digital Terrain Modelling: A Review of Hydrological, Geomorphological, and Biological Applications. In: BEVEN, K. J. (Hrsg.): Terrain Analysis and Ditstributed Modelling in Hydrology, S. 7–34.

MORGAN, R. P. C. (2001): A simple Approach to Soil Loss Prediction: A Revised Morgan-Morgan-Finney Model. In: Catena, 44, S. 305–322.

MORGAN, R. P. C. & M. A. NEARING (2002): Soil Erosion Models: Present and Future. In: RUBINO, J. L., R. P. C. MORGAN, S. ASINS & V. ANDREU (Hrsg.): Man and Soil at the Third Millennium, S. 187–205.

MORRIS, A. (2003): A Framework for Modeling Uncertainty in Spatial Databases. In: Transactions in GIS, 7 (1), S. 83–101.

MOSIMANN, T. (1997): Prozess-Korrelations-System des elementaren Geoökosystems. In: LESER, H. (Hrsg.): Landschaftsökologie, S. 262–270.

MOSIMANN, T. (1999): Angewandte Landschaftsökologie - Inhalte, Stellung und Perspektiven. In: SCHNEIDER-SLIWA, R., D. SCHAUB & G. GEROLD (Hrsg.): Angewandte Landschaftsökologie - Grundlagen und Methoden, S. 5–23.

MOSIMANN, T. (2001): Funktional begründete Leitbilder für die Landschaftsentwicklung. In: Geographische Rundschau, 53 (9), S. 4–10.

MOSIMANN, T., M. RÜTTIMANN & A. WEDDY (1996): Abschätzung der Bodenerosion und Beurteilung der Gefährdung der Bodenfruchtbarkeit: Grundlagen zum Schlüssel für Betriebsleiter und Berater; mit den Schätztabellen für Südniedersachsen. In: Geosynthesis, 9.

NELSON, D. W. & T. J. LOGAN (1983): Chemical Processes and Transport of Phosphorous. In: SCHALLER, F. W. & G. W. BAILEY (Hrsg.): Agricultural Management and Water Quality, S. 65–91.

NEUFANG, L., K. AUERSWALD & W. FLACKE (1989): Automatisierte Erosionsprognose- und Gewässerverschmutzungskarten mit Hilfe der dABAG - ein Beitrag zur standortgerechten Bodennutzng. In: Bayerisches Landwirtschaftliches Jahrbuch, 66 (7), S. 771–789.

O'CALLAGHAN, J. F. & D. M. MARK (1984): The Extraction of Drainage Networks from Digital Elevation Data. In: Computer Vision, Graphics and Image Processing, 28, S. 323–244.

OCHOLA, W. O. & P. KERKIDES (2003): A Spatial Decision Support System for Water Resources Hazard Assessment: Local Level Water Resources Management with GIS in Kenya. In: Journal of Geographic Information and Decision Analysis, 7 (1), S. 32–46.

ODUM, E. P. (1980): Grundlagen der Ökologie. Stuttgart u. a.

OPENSHAW, S. (1990): Spatial Analysis and Geographical Information Systems: A Review of Progress and Possibilities. In: SCHOLTEN, H. J. & J. C. H. STILLWELL (Hrsg.): Geographical Information Systems for Urban and Regional Planning, S. 153–163.

OSTFELD, A., E. MUZAFFAR & K. LANSEY (2001): HANDSS: The Hula Aggregated Numerical Decision Support System. In: Journal of Geographic Information and Decision Analysis, 5 (1), S. 16–31.

PONCE, V. M. & R. H. HAWKINS (1996): Runoff Curve Number: Has it reached maturity? In: Journal of Hydrologic Engineering, 1 (1), S. 11–19.

PULLAR, D. (1999): Using an Allocation Model in Multiple Criteria Evaluation. In: Journal of Geographic Information and Decision Analysis, 3 (2), S. 9–17.

PULLAR, D. (2003): Simulation Modelling Applied to Runoff Modelling Using Map Script. In: Transactions in GIS, 7 (2), S. 267–283.

QUINN, P., K. BEVEN, P. CHEVALLIER & O. PLANCHON (1991): The Prediction of Hillslope Flow Paths for Distributed Hydrological Modelling Using Digital Terrain Models. In: Hydrological Processes, 5, S. 59–79.

QUINTON, J. N. (2004): Erosion and Sediment Transport. In: WAINWRIGHT, J. & M. MULLIGAN (Hrsg.): Environmental Modelling: Finding Simplicity in Complexity, S. 187–196.

REITSMA, R. F. & J. C. CARRON (1997): Object-oriented Simulation and Evaluation of River Basin Operations. In: Journal of Geographic Information and Decision Analysis, 1 (1), S. 10–24.

REMY, N. (2004): S-GeMS - Stanford Geostatistical Modeling Software. http://ekofisk.stanford.edu/SCRFweb/sgems/ (05.11.2005).

RENARD, K. G., G. R. FOSTER, G. A. WEESIES, D. K. MCCOOL & D. C. YODER

(1997): Predicting Soil Erosion by Water: A Guide to Conservation Planning With the Revised Universal Soil Loss Equation (RUSLE). USDA Agriculture Handbook 703. Washington.

RENGER, M. & O. STREBEL (1980): Jährliche Grundwasserneubildung in Abhängigkeit von Bodennutzung und Bodeneigenschaften. In: Wasser und Boden, 32 (8), S. 362–366.

RENGER, M. & G. WESSOLEK (1990): Auswirkungen von Grundwasserabsenkungen und Nutzungsänderungen auf die Grundwasserneubildung. In: Mitt. Inst. für Wasserwesen, Bundeswehrhochschule München, 38B, S. 295–305.

RIEDEL, W. & H. LANGE (2001): Landschaftsplanung. Heidelberg u. a.

RINNER, C. (2003): Web-Based Spatial Decision Support: Status and Research Directions. In: Journal of Geographic Information and Decision Analysis, 7 (1), S. 14–31.

ROBINSON, T. P., R. S. HARRIS, J. S. HOPKINS & B. G. WILLIAMS (2002): An Example of Desicion Support for Trypanosomiasis Control Using a Geographical Information System in Eastern Zambia. In: International Journal of Geographical Information Science, 16 (4), S. 345–360.

RUBINO, J. L., R. P. C. MORGAN, S. ASINS & V. ANDREU (Hrsg.): (2002): Man and Soil at the Third Millennium, 1. Logrono.

SALTELLI, A. (2000): Sensitivity Analysis. Wiley Series in Probability and Statistics. Chichester u. a.

SALTELLI, A., S. TARANTOLA, F. CAMPOLONGO & M. RATTO (2004): Sensitivity Analysis in Practice. A Guide to Assessing Scientific Models. Chichester.

SAUERBORN, P. (1994): Die Erosivität der Niederschläge in Deutschland. Ein Beitrag zur quantitativen Prognose der Bodenerosion durch Wasser in Mitteleuropa. In: Bonner Bodenkundliche Abhandlungen, 13.

SCHALLER, J. (1990): Geographical Information System Applications in Environmental Impact Assessment. In: SCHOLTEN, H. J. & J. C. H. STILLWELL (Hrsg.): Geographical Information Systems for Urban and Regional Planning, S. 107–117.

SCHMIDT, J. & R. DIKAU (1999): Extracting geomorphometric attributes and objects from digital elevation models - semantics, methods, future needs. In: DIKAU, R. & H. SAURER (Hrsg.): GIS for Earth Surface Systems, S. 151–173.

SCHOLTEN, H. J. & J. C. H. STILLWELL (Hrsg.): (1990a): Geographical Information Systems for Urban and Regional Planning, *The GeoJournal Library*, 17. Dordrecht.

SCHOLTEN, H. J. & J. C. H. STILLWELL (1990b): Geographical Information Systems: The Emerging Requirements. In: SCHOLTEN, H. J. & J. C. H. STILLWELL (Hrsg.): Geographical Information Systems for Urban and Regional Planning, S. 3–14.

SCHWERTMANN, U., W. VOGL & M. KAINZ (1990): Bodenerosion durch Wasser: Vorhersage des Abtrags und Bewertung von Gegenmaßnahmen. Stuttgart.

SENGUPTA, R. R. & D. A. BENNETT (2003): Agent-Based Modelling Environment for Spatial Decision Support. In: International Journal of Geographical Infor-

mation Science, 17 (2), S. 157–180.
SIMON, H. A. (1960): The New Science of Management Decision. New York.
SMITH, T. R. & Y. JIANG (1993): Knowledge-Based Approaches in GIS. In: MAGUIRE, D. F., M. F. GOODCHILD & D. W. RHIND (Hrsg.): Geographical Information Systems. Volume 1: Principles, S. 413–425.
STARR, M. K. & M. ZELENY (1977a): MCDM: State and Future of the Arts. In: STARR, M. K. & M. ZELENY (Hrsg.): Multiple Criteria Decision Making, S. 5–29.
STARR, M. K. & M. ZELENY (Hrsg.): (1977b): Multiple Criteria Decision Making. Amsterdam.
STEINHARDT, U. (2005): Modellierung von Prozessen. In: STEINHARDT, U., O. BLUMENSTEIN & H. BARSCH (Hrsg.): Lehrbuch der Landschaftsökologie, S. 211–225.
STEINHARDT, U., O. BLUMENSTEIN & H. BARSCH (2005): Lehrbuch der Landschaftsökologie. Heidelberg.
STEUER, R. E. (1986): Multiple criteria optimization: theory, computation, and application. Wiley series in probability and mathematical statistics. New York u. a.
TAKATSUKA, M. & M. GAHEGAN (2001): Sharing Exploratory Geospatial Anaylsis and Decision Making using GeoVISTA Studio: From a Desktop to the Web. In: Journal of Geographic Information and Decision Analysis, 5 (2), S. 129–139.
TARBOTON, D. G. (1997): A New Method for the Determination of Flow Directions and Upslope Areas in Grid Digital Elevation Models. In: Water Resources Research, 33 (2), S. 309–319.
TAYLOR, K., G. WALKER & D. ABEL (1999): A Framework for Model Integration in Spatial Decision Support Systems. In: International Journal of Geographical Information Science, 13 (6), S. 533–555.
TERLAKY, T. & K. ROOS (2002): Linear Programming. In: PARDALOS, P. M. & M. G. C. RESENDE (Hrsg.): Handbook of Applied Optimization, S. 1–39.
THILL, J.-C. (1999): Spatial Multicriteria Descision Making and Analysis – A Geographic Information Sciences Approach. Aldershot.
TKACH, R. J. & S. P. SIMONOVIC (1997): A New Approach to Multi-criteria Decision Making in Water Resources. In: Journal of Geographic Information and Decision Analysis, 1 (1), S. 25–44.
TOURINO, J., J. PARAPAR, R. DOALLO, M. BOULLON, F. F. RIVERA, J. D. BRUGUERA, X. P. GONZALES, R. CRECENTE & C. ALVAREZ (2003): A GIS-Embedded System to Support Land Consolidation Plans in Galicia. In: International Journal of Geographical Information Science, 17 (4), S. 377–396.
UNGERER, M. J. & M. F. GOODCHILD (2002): Integrating Spatial Data Analysis and GIS: A New Implementation Using the Component Object Model (COM). In: International Journal of Geographical Information Science, 16 (1), S. 41–53.
VAN DER PERK, M., J. R. BUREMA, P. A. BURROUGH, A. G. GILLETT & M. B. VAN DER MEER (2001): A GIS-Based Environmental Decision Support System To Assess the Transfer of Long-Lived Radiocaesium Through Food Chains

in Areas Contaminated by the Chernobyl Accident. In: International Journal of Geographical Information Science, 15 (1), S. 43–64.

VOOGD, H. (1983): Multicriteria Evaluation for Urban and Regional Planning. London.

WALSER, J. P. (1999): Integer Optimization by Local Search. A Domain-Independent Approach. Berlin, Heidelberg.

WEDDY, A. (1995): Schätzung der Erosionsgefährdung in der Landwirtschaftspraxis. Anpassung eines Schlüssels für Betriebsleiter und Berater für den südniedersächsischen Raum. Unveröffentlichte Diplomarbeit am Geogr. Inst. d. Universität Hannover.

WESSELS, J. & A. P. WIERZBICKI (2000): Model-Based Decision Support. In: WIERZBICKI, A. P., M. MAKOWSKI & J. WESSELS (Hrsg.): Model-Based Decision Support Methodology with Environmental Applications, S. 9–28.

WICKENKAMP, V., A. BEINS-FRANKE, T. MOSIMANN & R. DUTTMANN (1996): Ansätze zur GIS-gestützten Modellierung dynamischer Systeme und Simulation ökologischer Prozesse. In: DOLLINGER, F. & J. STROBL (Hrsg.): Angewandte Geographische Informationsverarbeitung VIII: Beiträge zum AGIT-Symposium, 3. - 5. Juli 1996, S. 51–60.

WISCHMEIER, W. H. & D. D. SMITH (1978): Predicting Rainfall Erosion Losses - A Guide to Conservation Planning, *Agriculture Handbook*, 537. Washington.

WOOD, J. (1996): The Geomorphological Characterisation of Digital Elevation Models. Leicester.

WÜTHRICH, C. (2005): Die Basler Physiogeographie und Landschaftsökologie zwischen 1975 und 2005 - was war, was ist, was kommt? In: Regio Basiliensis, 46 (1), S. 3–12.

YIALOURIS, C. P., V. KOLLIAS, N. A. LORENTZOS, D. KALIVAS & A. B. SIDERIDIS (1997): An Ingegrated Expert Geographical Information System for Soil Suitability and Soil Evaluation. In: Journal of Geographic Information and Decision Analysis, 1 (2), S. 89–99.

ZADEH, L. A. (1965): Fuzzy Sets. In: Information and Control, 8, S. 338–353.

ZEVENBERGEN, L. W. & C. R. THORNE (1987): Quantitative Analysis of Land Surface Topography. In: Earth Surface Processes and Landforms, 12 (1), S. 47–56.

ZHOU, Q. & X. LIU (2002): Error Assesment of grid-based Flow Routing Algorithms used in Hydological Models. In: International Journal of Geographical Information Science, 16 (8), S. 819–842.

ZHU, A. X., B. HUDSON, J. BURT, K. LUBICH & D. SIMONSON (2001): Soil Mapping Using GIS, Expert Knowledge, and Fuzzy Logic. In: Soil Science Society of America Journal, 65, S. 1463–1472.

ZÖLLITZ-MÖLLER, R. (2001): Landschaftsbewertung. In: RIEDEL, W. & H. LANGE (Hrsg.): Landschaftsplanung, S. 100–111.

Anhang

Allgemeine Abkürzungen

ABAG	Allgemeine Bodenabtragsgleichung (SCHWERTMANN ET AL. 1990)
API	Application Programming Interface
ASCII	American Standard Code for Information Interchange
BKA-4	Bodenkundliche Kartieranleitung, 4. Aufl. (AG-BODEN 1994)
CN	Curve Number
COM	Component Object Model
CORBA®	Common Object Request Broker Architecture
D∞	Deterministic Infinity (Fließalgorithmus nach TARBOTON, 1997)
DB	Datenbank
DGM	Digitales Geländehöhenmodell
DLL	Dynamic Link Library
DS	Decision Support
DSS	Decision Support System
DVWK	Deutscher Verband für Wasserwirtschaft und Kulturbau e. V.
EDSS	Environmental Decision Support System
ES	Expert System
ESRI®	Environmental Systems Research Institute
EZG	Einzugsgebiet
GIS	Geographisches Informationssystem
GIV	Geographische Informationsverarbeitung
ILP	Integer Linear Program
LMS	Landnutzungs-, Landschafts- oder Landmanagementsystem

LP	Lineare mathematische Programmierung (Linear Program)
LUMASS	Land Use Management Support System
MADM	Multiattribute Decision Making
MCDM	Multicriteria Decision Making
MDB-2	Methodendokumentation Bodenkunde, 2. Aufl. (AG-BODEN 2000)
MFC	Microsoft® Foundation Class Library
MFD	Multiple Flow Direction
MOILP	Multiobjective Integer Linear Program
MOLP	Multiobjective Linear Program
MODM	Multiobjective Decision Making
RDBMS	Relationales Datenbankmanagementsystem
RUSLE	Revised Universal Soil Loss Equation (RENARD ET AL. 1997)
SAW	Simple Additive Weighting
SCS	United States Soil Conservation Service
SDS	Spatial Decision Support
SDSS	Spatial Decision Support System
SFD	Single Flow Direction
SGS	Sequentielle Gaußsche Simulation
USLE	Universal Soil Loss Equation (WISCHMEIER & SMITH 1978)
VKR	Verknüpfungsregel
WLC	Weighted Linear Combination

Standarddatenfeldnamen

AGGR	Aggregatgröße [mm]
APB	Jährliche Austauschhäufigkeit des Bodenwassers [%]

CFAKTOR	Bedeckungs- und Bearbeitungsfaktor der ABAG [<Verhältnis des Abtrages eines beliebig bewirtschafteten Hanges zur Schwarzbrache>]
COMPAREA	Flächenanteil je Schlag, der mindestens eine bestimmte mechanische Belastbarkeit aufweist [%].
DENITRI	Denitrifikation [kg(N)/(ha*a)]
ETPOT	Potenzielle Evapotranspiration [mm]
FEUSTUFE	Aktuelle Bodenfeuchte nach BKA-4 [<Text>]
FFTAB	Name der Fruchtfolgetabelle [<Text>]
FSAND	Feinsandgehalt [Gew.-%]
FSTSAND	Feinstsandgehalt [Gew.-%]
GEFUEGE	Gefügeform nach BKA-4 [<Text>]
GWNEU	Grundwasserneubildung [mm/a]
HNBOD	Bodenart nach BKA-4 [<Text>]
HORIZ	Horizontbezeichnung nach BKA-4 [<Text>]
HORZNR	Horizontnummer [<lfd. Nr.>]
KF	Gesättigte Wasserleitfähigkeit [cm/d]
KFAKTOR	Bodenerodierbarkeitsfaktor der ABAG [(t*h)/(ha*N)]
KFAVG	Klassifizierte Wasserdurchlässigkeit eines Bodens nach ABAG [<ganzzahlig numerisch>]
KR	Mittlere kapillare Aufstiegsrate [mm/d]
KULTUR	Landnutzungsschlüssel [<ganzzahlig numerisch>] (s. Tabelle 6)
LGDI	Effektive Lagerungsdichte [g/cm^3]
LK	Luftkapazität [mm]
LSFAKTOR	Topographiefaktor der ABAG [<Verhältnis des Abtrages eines beliebigen Hanges zum Standardhang (9 % Gefälle, 22 m Länge)>]
MNGW	Mittlerer Grundwassertiefstand [cm]

MSAND	Mittelsandgehalt [Gew.-%]
NBIL	Stickstoffflächenbilanz [kg(N)/(ha*a)]
NEFF	Direktabfluss je Schlag [mm]
NFK	Nutzbare Feldkapazität [mm]
NFKWE	Nutzbare Feldkapazität des effektiven Wurzelraumes [mm]
NIMMOBIL	Stickstoffimmobilisierung [kg(N)/(ha*a)]
NMINERAL	Stickstoffmineralisierung [kg(N)/(ha*a)]
NO3SW	Nitratkonzentration im Sickerwasser [mg/l]
ORGSUB	Gehalt an organischer Substanz [Gew.-%]
OPT_STR	Namen aller Optionen, deren Wert der Entscheidungsvariable (OPTX_VAL) größer als Null ist [<Text>]
OPTX_VAL	Wert der Entscheidungsvariable für Option Nr. X [<numerisch>]
OTIEF	Obere Tiefe des Horizonts [cm]
PARZID	Eindeutige Parzellen- bzw. Schlag-ID [<lfd. Nr.>]
PFAKTOR	Erosionsschutzfaktor der ABAG [<Verhältnis des Abtrages eines Hanges mit beliebigen Erosionsschutzmaßnahmen zu dem ohne Schutzmaßnahmen und bei Bearbeitung in Gefällerichtung>]
PHOSCAL	CAL-Phosphorgehalt [mg/kg]
PSIABFLUSS	Abflussbeiwert [<Verhältnis des Direktabflusses zum Niederschlag>]
PVSIG	Quotient aus mechanischer Vorbelastung und Bodendruck an der Horizontobergrenze [dimensionslos]
PVVAL	Mechanische Belastbarkeit nach der Vorbelastung [kPa]
PVCLASS	Klasse der mechanischen Belastbarkeit nach der Vorbelastung gemäß DVWK (1995) [<ganzzahlig numerisch>]
RFAKTOR	Regen- und Oberflächenabflussfaktor der ABAG [N/h]
SANDGES	Sandgehalt (gesamt) [Gew.-%]
SCHLUFFGES	Schluffgehalt (gesamt) [Gew.-%]

Anhang 133

SCSCNTYP	„Hydrologischer Bodentyp" gemäß SCS Curve-Number-Verfahren (DVWK 1984) [<Text>]
SKELETT	Bodenskelettgehaltsklasse gemäß MDB-2, VKR 5.9 [<Text>]
TON	Tongehalt [Gew.-%]
TW	Totwasser [mm]
USPCAL	CAL-Phosphorgehalt des Oberbodens (1. mineral. Horizont) [mg/kg]
UTIEF	Untere Tiefe des Horizonts [cm]
WE	Effektive Durchwurzelungstiefe [dm]

Symbole

A	$q * u$ Matrix der Nebenbedingungskoeffizienten
a	Nebenbedingungskoeffizient
B	Zulässiger Bereich
$\mathbf{b}$	Vektor der rechten Seiten (Nebenbedingung)
b	Wert der rechten Seite (Nebenbedingung)
$\mathbf{c}$	Vektor der Kriterienwerte (Koeffizienten)
F	Räumliche Alternative
$\mathbf{f}$	Zielfunktionenvektor
$f(x)$	Zielfunktion
G	Flächengröße der räumlichen Alternative
$i = 1, 2, \ldots, m$	Index der räumlichen Alternativen
$j = 1, 2, \ldots, n$	Index der (Bewertungs-) Kriterien
K	(Bewertungs-) Kriterium
λ	Gewichtungsfaktor
m	Anzahl der räumlichen Alternativen

$\mathbb{N}$	Menge der natürlichen Zahlen
n	Anzahl der (Bewertungs-) Kriterien
O	(Nutzungs-) Option
p	Anzahl der (Nutzungs-) Optionen
q	Anzahl der Nebenbedingungen
$\mathbb{R}$	Menge der reellen Zahlen
$r = 1, 2, \ldots, p$	Index der (Nutzungs-) Optionen
S	Bewertungsergebnis (Score)
u	Anzahl der Entscheidungsvariablen des MOLP/MOILP ($p*m$)
$v = 1, 2, \ldots, n-1$	Index der Zielfunktionsnebenbedingungen
w	Index der Nebenbedingungen
$\mathbf{x}$	Vektor der Entscheidungsvariablen
x	Entscheidungsvariable
x'	Standardisierte Entscheidungsvariable
$\hat{x}$	Effizienter Punkt (Pareto-optimal)
z	Zielfunktionswert
$\mathbf{z}^*$	Utopia-Punkt

Tabellen

Tab. A 1: Zuordnung der LUMASS-Nutzungscodes zu den Nutzungstypen.

Nutzungscode	Nutzung
8000 - 8235; 8300; 8320; 8400 - 8440	Acker
7000 - 7200; 9110; 9113; 9114; 9117	Grünland
1300; 2300	Nadelwald
1100; 2100	Laubwald

Quelle: nach RENGER & STREBEL 1980 und RENGER & WESSOLEK 1990.

Tab. A 2: Der in LUMASS verwendete Landnutzungsschlüssel.

KULTUR	Landnutzung
1000	Wald
1100	Laubwald
1150	Einzelbäume (Laubbäume mit Sträuchern)
1200	Mischwald
1300	Nadelwald
2100	Laubforste
2200	Mischforste
2300	Nadelforste
3000	Kleingehölze sowie Einzelbäume und Sträucher
3100	Feldgehölze (Baumbestände < 1ha)
3200	Gebüsche (Strauchbestände)
3300	Gehölzstreifen und Hecken
3310	Baumreihe
3320	Hecke
3330	Wallhecke (Knick)
3340	Erdwall, bewachsen
3350	Erdwall, unbewachsen
3360	Redder
3400	Allee- und Obstbaumreihen
4350	Röhrichte und Grosseggenrieder
5100	Trocken- und Halbtrockenrasen
5200	Heide
6000	Ruderal-, Uferstauden und Schlagfluren, Säume
6100	Ruderalfluren
6300	Waldsäume
6400	Schlagfluren
7000	Grünland
7100	Wirtschaftsgrünland
7110	Wiesen
7115	Obstwiesen, Streuobstwiesen
7150	Weiden
7200	Grasansaaten (Kunstwiesen)
8000	Ackerland (allgemein)
8100	bewirtschafteter Acker
8110	Getreide
8111	Triticale
8112	Winterweizen
8113	Sommerweizen
8114	Weizen
8115	Gerste
8116	Wintergerste
8117	Sommergerste

KULTUR	Landnutzung
8118	Hafer
8119	Winterroggen
8120	Mais
8121	Körnermais
8122	Futtermais
8130	Hackfrüchte
8131	Kartoffeln
8132	Zuckerrüben
8133	Futterrüben
8134	Zuckerrüben mit Strohmulch
8135	Zuckerrüben mit Senfmulch
8140	Raps
8200	Landwirtschaftliche Sonderkulturen
8210	Hülsenfrüchte
8211	Erbsen
8212	Bohnen
8220	Kohl
8221	Grünkohl
8222	Weisskohl
8223	Rotkohl
8230	Senf
8231	Spargel
8232	Karotten, Möhren
8233	Spinat
8234	Salat
8235	Sonnenblumen
8250	sonstige Sonderkulturen
8251	Obstanbau
8252	Erdbeeren (Beerenkulturen)
8253	Heidelbeeren (Beerenkulturen)
8260	Hopfen
8261	Wein
8262	Tabak
8263	Mohn
8264	Gärtnereien
8300	Ackerbrache
8310	Grünbrache
8320	Schwarzbrache
8330	Dauerbrache
8400	Zwischenfrüchte, Gründünger
8410	Phazelia
8420	Klee
8430	Lupine

KULTUR	Landnutzung
8440	Erbsen
8500	nicht bewirtschaftete Ackerflächen
9000	nicht landwirtschaftliche Sondernutzungen
9110	Grünanlagen
9111	Hausgärten
9112	Schrebergärten
9113	Parkanlagen
9114	Golfplätze
9115	Friedhöfe
9116	Reitplätze
9117	Sportanlagen, Liege- und Spielplätze
9118	Erholungseinrichtungen, Freizeiteinrichtungen
9200	sonstige, unversiegelte, unverbaute Flächen
9210	Abbauflächen, Tagebaue
9211	Kiesgrube
9212	Mergelgruben
9213	Sandgruben
9214	Tongruben
9215	Torfstiche
9216	Deponien, Kläranlagen (Entsorgungsflächen)
9217	militärische Übungsflächen
9230	Strassenbegleitstreifen
9300	Wasserflächen
9310	Teichanlagen
9320	Stauseen
9330	Fliessgewässer
9350	Graben
9351	Graben mit Wasserführung
9250	Böschung
9352	Graben trocken
9400	versiegelte Flächen
9410	bebaute Flächen
9420	Strasse (asphaltiert)
9421	Weg (asphaltiert)
9422	Weg (befestigt, nicht asphaltiert)
9423	Weg (Feldweg, unbefestigt)
9430	Bahnkörper
9900	Fläche mit zur Zeit unbestimmbarer Nutzung
9990	Nicht erfasste Fläche

Tab. A 3: Die hydrologischen Bodentypen und ihre Eigenschaften gemäß SCS-CN-Verfahren.

Bodentyp	hydrologische Eigenschaften
A	Böden mit großem Versickerungsvermögen, auch nach starker Vorbefeuchtung, z. B. tiefe Sand- und Kiesböden.
B	Böden mit mittlerem Versickerungsvermögen, tiefe bis mäßig tiefe Böden mit feiner bis mäßig grober Textur, z. B. mitteltiefe Sandböden, Löß, (schwach) lehmiger Sand.
C	Böden mit geringem Versickerungsvermögen, Böden mit feiner bis mäßig feiner Textur oder mit wasserstauender Schicht, z. B. flache Sandböden, sandiger Lehm.
D	Böden mit sehr geringem Versickerungsvermögen, Tonböden, sehr flache Böden über nahezu undurchlässigem Material, Böden mit dauernd sehr hohem Grundwasserspiegel.

Quelle: DVWK 1984, S. 6 f..

Tab. A 4: Zuordnung der SCS-CN-Werte in Abhängigkeit von Landnutzung und hydrologischem Bodentyp. Zur Erläuterung des Nutzungsschlüssels und der Bodentypen s. Tabelle 6 und A 3.

Landnutzung		KULTUR	hydrologischer Bodentyp			
			A	B	C	D
Ödland (ohne nennenswerten Bewuchs)		8320, 8500	77	86	91	94
Hackfrüchte, Wein		8130-8133, 8261	70	80	87	90
Getreide, Futterpflanzen		8110-8122, 8134-8140	64	76	84	88
Weide (normal)		7150	49	69	79	84
Dauerwiese		7110, 7115	30	58	71	78
Wald	stark aufgelockert	1150	45	66	77	83
	mittel	1200, 2100, 2200	36	60	73	79
	dicht	1300, 2300	25	55	70	77
Versiegelte Flächen		9410-9421	100	100	100	100

Quelle: nach DVWK 1984, S. 7.

Anhang   139

Abbildungen

Attributes of kultkal

OID	FRUCHT	PBB_SB	PSB_10	P10_50	P50_75	P75_E	PE_BB	ID
0	Raps	15.08.	20.08.	20.09.	10.10.	01.04.	10.08.	1
1	Winterweizen	10.10.	15.10.	01.03.	20.04.	10.05.	15.08.	2
2	Wintergerste	20.09.	25.09.	10.10.	30.10.	01.04.	25.07.	3
3	Roggen	01.10.	05.10.	20.10.	30.11.	15.04.	05.08.	4
4	Triticale	01.10.	05.10.	20.10.	30.11.	15.04.	05.08.	5
5	Sommerweizen	15.03.	20.03.	15.04.	10.05.	25.05.	20.08.	6
6	Sommergerste	15.03.	20.03.	10.04.	05.05.	20.05.	05.08.	7
7	Hafer	15.03.	20.03.	15.04.	10.05.	25.05.	20.08.	8
8	Zuckerrueben	01.04.	05.04.	25.05.	10.06.	30.06.	15.10.	9
9	Kartoffeln	05.04.	10.04.	20.05.	10.06.	20.06.	30.09.	10
10	Mais	20.04.	25.04.	15.05.	05.06.	20.06.	20.10.	11
11	Feldgemuese	05.04.	10.04.	20.05.	10.06.	20.06.	30.09.	12
12	Phacelia	10.08.	15.08.	15.08.	15.08.	12.09.	15.03.	13
13	Graeser	10.08.	15.08.	15.08.	15.08.	10.10.	15.03.	14
14	Kunstwiese	10.08.	15.08.	15.08.	15.08.	14.10.	10.08.	15
15	Oelrettich	10.08.	15.08.	15.08.	15.08.	12.09.	15.03.	16
16	Gelbsenf	25.08.	01.09.	01.09.	01.09.	29.09.	15.03.	17
17	Gruenbrache	25.08.	01.09.	01.09.	01.09.	01.09.	25.08.	18

Abb. A 1: Kultur- und Entwicklungsperioden unterschiedlicher Feldfrüchte für Südniedersachsen.
Quelle: nach RENIUS et al. 1992; MOSIMANN et al. 1996; KAUKE 1999; SCHÄFER 1999, ergänzt.

Attributes of rba

OID	ID	ANBAU	PBB_SBA	PBB_SBB	PSB_10	P10_50	P50_75	P75_E	PE_BB
0	1	Getreide-konventionell	32	-9,99	46	38	3	1	2
1	2	Getreide-Minimal-BB	-9,99	8	8	6	1	1	2
2	3	Raps-konventionell	32	-9,99	46	38	3	1	2
3	4	Kartoffeln-konventionell	32	-9,99	80	40	5	7,5	44
4	5	Zuckerrueben-konventionell	32	-9,99	85	45	5	3	44
5	6	Zuckerrueben-Mulchsaat	20	8	9	6	3	3	15
6	7	Mais-konventionell	32	-9,99	94	45	12	8,5	44
7	8	Mais-Spurlockerung	32	-9,99	54	45	12	8,5	44
8	9	Mais-WG-Reihen	32	-9,99	36	21	12	8,5	44
9	10	Mais-Mulchsaat	20	8	11	7	2	1	10
10	11	Mais-Minimal-BB	-9,99	8	8	6	2	1	10
11	12	Feldgemuese-konventionell	32	-9,99	82,5	42,5	5	5,25	44
12	13	Zwischenfrucht-konventionell	32	-9,99	10	10	10	2	2
13	14	Kunstwiese-konventionell	32	-9,99	20	20	20	0,2	0,2
14	15	Gruenbrache-konventionell	32	-9,99	3	3	3	3	3

Abb. A 2: Relative Bodenabträge der einzelnen Kulturen in Abhängigkeit von der Bearbeitungstechnik.
Quelle: nach SCHWERTMANN et al. 1990, S. 42; MOSIMANN et al. 1996, S. 16.

OID	ID	TAG	M01	M02	M03	M04	M05	M06	M07	M08	M09	M10	M11	M12
0	1	01	0,12	3,78	5,73	8,67	14,61	30,32	56,51	69,41	79,58	86,48	89,03	95,28
1	2	02	0,24	3,84	5,81	8,82	15,03	31,21	57,01	69,79	79,84	86,56	89,24	95,44
2	3	03	0,36	3,89	5,88	8,97	15,45	32,09	57,51	70,17	80,1	86,64	89,45	95,6
3	4	04	0,48	3,95	5,96	9,12	15,87	32,98	58,01	70,55	80,37	86,71	89,66	95,76
4	5	05	0,6	4	6,04	9,26	16,29	33,86	58,51	70,94	80,63	86,79	89,87	95,92
5	6	06	0,72	4,06	6,11	9,41	16,71	34,75	59,01	71,32	80,89	86,87	90,08	96,08
6	7	07	0,84	4,11	6,19	9,56	17,13	35,63	59,51	71,7	81,15	86,95	90,29	96,24
7	8	08	0,96	4,17	6,27	9,71	17,55	36,52	60,01	72,08	81,41	87,03	90,5	96,4
8	9	09	1,08	4,23	6,34	9,86	17,98	37,41	60,5	72,46	81,68	87,1	90,71	96,56
9	10	10	1,2	4,28	6,42	10,01	18,4	38,29	61	72,84	81,94	87,18	90,92	96,73
10	11	11	1,32	4,34	6,5	10,16	18,82	39,18	61,5	73,22	82,2	87,26	91,13	96,89
11	12	12	1,44	4,39	6,57	10,31	19,24	40,06	62	73,6	82,46	87,34	91,34	97,05
12	13	13	1,56	4,45	6,65	10,45	19,66	40,95	62,5	73,99	82,72	87,42	91,55	97,21
13	14	14	1,68	4,5	6,73	10,6	20,08	41,83	63	74,37	82,99	87,5	91,76	97,37
14	15	15	1,8	4,59	6,8	10,75	20,5	42,72	63,5	74,75	83,25	87,57	91,97	97,53
15	16	16	1,92	4,67	6,91	10,98	21,06	43,61	63,85	75,03	93,46	98,65	92,18	97,69
16	17	17	2,04	4,75	7,02	11,21	21,62	44,49	64,19	75,32	83,67	87,73	92,39	97,85
17	18	18	2,16	4,83	7,13	11,44	22,17	45,38	64,54	75,6	83,88	87,81	92,6	98,01
18	19	19	2,28	4,91	7,23	11,67	22,73	46,26	64,88	75,89	84,09	87,89	92,81	98,17
19	20	20	2,4	5	7,34	11,9	23,29	47,15	65,23	76,18	84,3	87,96	93,02	98,33
20	21	21	2,52	5,08	7,45	12,13	23,85	48,03	65,57	76,46	84,51	88,04	93,23	98,49
21	22	22	2,64	5,16	7,56	12,36	24,41	48,92	65,92	76,75	84,72	88,12	93,44	98,65
22	23	23	2,76	5,24	7,66	12,59	24,96	49,81	66,27	77,03	84,93	88,2	93,65	98,81
23	24	24	2,88	5,33	7,77	12,82	25,52	50,69	66,61	77,32	85,14	88,28	93,86	98,97
24	25	25	3	5,41	7,88	13,04	26,08	51,58	66,96	77,6	85,35	88,35	94,07	99,13
25	26	26	3,12	5,49	7,99	13,27	26,64	52,46	67,3	77,89	85,56	88,43	94,28	99,3
26	27	27	3,24	5,57	8,09	13,5	27,2	53,35	67,65	78,18	85,77	88,51	94,49	99,46
27	28	28	3,36	5,65	8,2	13,73	27,76	54,23	67,99	78,46	85,98	88,59	94,7	99,62
28	29	29	3,48	0	8,31	13,96	28,31	55,12	68,34	78,75	86,19	88,67	94,91	99,78
29	30	30	3,6	0	8,42	14,19	28,87	56,01	68,68	79,03	86,4	88,74	95,12	99,94
30	31	31	3,72	0	8,52	0	29,43	0	69,03	79,32	0	88,82	0	100,1

Abb. A 3: Kumulative R-Faktoranteile für Südniedersachsen zur Berechnung des C-Faktors der ABAG.
Quelle: WEDDY 1995 in MOSIMANN et al. 1996, S. 43.

Anhang

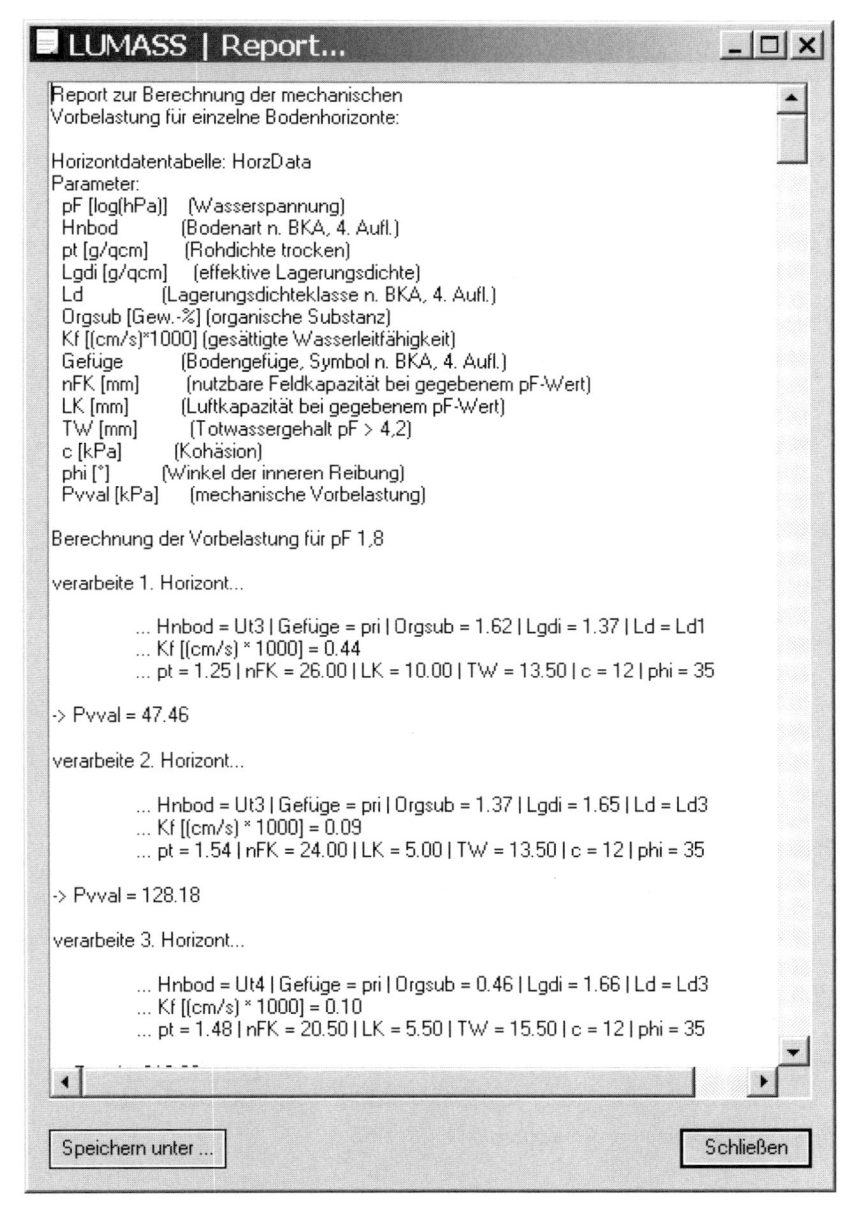

```
LUMASS | Report...                                    _ □ x

Report zur Berechnung der mechanischen
Vorbelastung für einzelne Bodenhorizonte:

Horizontdatentabelle: HorzData
Parameter:
  pF [log(hPa)]   (Wasserspannung)
  Hnbod           (Bodenart n. BKA, 4. Aufl.)
  pt [g/qcm]      (Rohdichte trocken)
  Lgdi [g/qcm]    (effektive Lagerungsdichte)
  Ld              (Lagerungsdichteklasse n. BKA, 4. Aufl.)
  Orgsub [Gew.-%] (organische Substanz)
  Kf [(cm/s)*1000] (gesättigte Wasserleitfähigkeit)
  Gefüge          (Bodengefüge, Symbol n. BKA, 4. Aufl.)
  nFK [mm]        (nutzbare Feldkapazität bei gegebenem pF-Wert)
  LK [mm]         (Luftkapazität bei gegebenem pF-Wert)
  TW [mm]         (Totwassergehalt pF > 4,2)
  c [kPa]         (Kohäsion)
  phi [°]         (Winkel der inneren Reibung)
  Pvval [kPa]     (mechanische Vorbelastung)

Berechnung der Vorbelastung für pF 1,8

verarbeite 1. Horizont...

        ... Hnbod = Ut3 | Gefüge = pri | Orgsub = 1.62 | Lgdi = 1.37 | Ld = Ld1
        ... Kf [(cm/s) * 1000] = 0.44
        ... pt = 1.25 | nFK = 26.00 | LK = 10.00 | TW = 13.50 | c = 12 | phi = 35

-> Pvval = 47.46

verarbeite 2. Horizont...

        ... Hnbod = Ut3 | Gefüge = pri | Orgsub = 1.37 | Lgdi = 1.65 | Ld = Ld3
        ... Kf [(cm/s) * 1000] = 0.09
        ... pt = 1.54 | nFK = 24.00 | LK = 5.00 | TW = 13.50 | c = 12 | phi = 35

-> Pvval = 128.18

verarbeite 3. Horizont...

        ... Hnbod = Ut4 | Gefüge = pri | Orgsub = 0.46 | Lgdi = 1.66 | Ld = Ld3
        ... Kf [(cm/s) * 1000] = 0.10
        ... pt = 1.48 | nFK = 20.50 | LK = 5.50 | TW = 15.50 | c = 12 | phi = 35


[ Speichern unter ... ]                                        [ Schließen ]
```

Abb. A 4: Report zur Bestimmung der Kenngröße PVVAL.

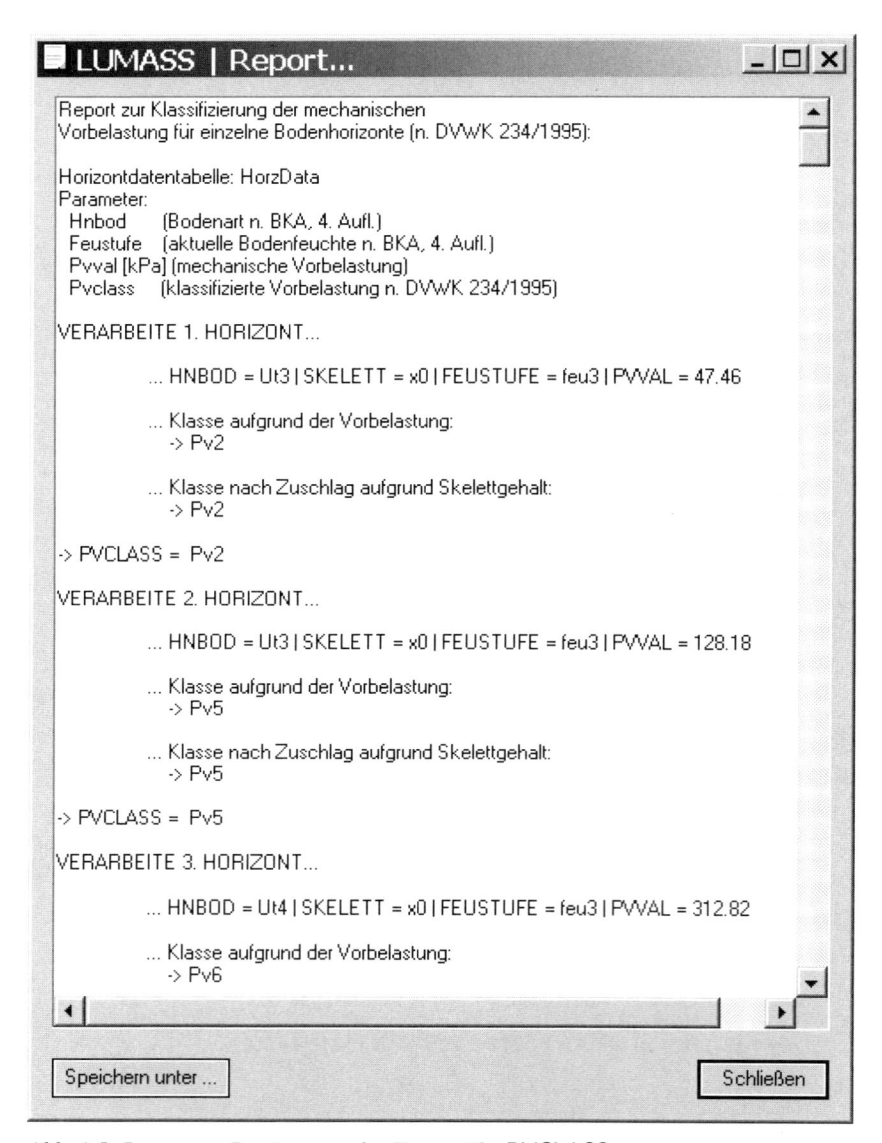

```
┌─────────────────────────────────────────────────────────┐
│ ■ LUMASS | Report...                          _ □ ×    │
├─────────────────────────────────────────────────────────┤
│ Report zur Klassifizierung der mechanischen          ▲ │
│ Vorbelastung für einzelne Bodenhorizonte (n. DVWK 234/1995): │
│                                                         │
│ Horizontdatentabelle: HorzData                          │
│ Parameter:                                              │
│   Hnbod     (Bodenart n. BKA, 4. Aufl.)                 │
│   Feustufe  (aktuelle Bodenfeuchte n. BKA, 4. Aufl.)    │
│   Pvval [kPa] (mechanische Vorbelastung)                │
│   Pvclass   (klassifizierte Vorbelastung n. DVWK 234/1995) │
│                                                         │
│ VERARBEITE 1. HORIZONT...                               │
│                                                         │
│         ... HNBOD = Ut3 | SKELETT = x0 | FEUSTUFE = feu3 | PVVAL = 47.46 │
│                                                         │
│         ... Klasse aufgrund der Vorbelastung:           │
│             -> Pv2                                      │
│                                                         │
│         ... Klasse nach Zuschlag aufgrund Skelettgehalt:│
│             -> Pv2                                      │
│                                                         │
│ -> PVCLASS = Pv2                                        │
│                                                         │
│ VERARBEITE 2. HORIZONT...                               │
│                                                         │
│         ... HNBOD = Ut3 | SKELETT = x0 | FEUSTUFE = feu3 | PVVAL = 128.18 │
│                                                         │
│         ... Klasse aufgrund der Vorbelastung:           │
│             -> Pv5                                      │
│                                                         │
│         ... Klasse nach Zuschlag aufgrund Skelettgehalt:│
│             -> Pv5                                      │
│                                                         │
│ -> PVCLASS = Pv5                                        │
│                                                         │
│ VERARBEITE 3. HORIZONT...                               │
│                                                         │
│         ... HNBOD = Ut4 | SKELETT = x0 | FEUSTUFE = feu3 | PVVAL = 312.82 │
│                                                         │
│         ... Klasse aufgrund der Vorbelastung:           │
│             -> Pv6                                    ▼ │
│ ◄                                                    ► │
├─────────────────────────────────────────────────────────┤
│  [ Speichern unter ... ]                   [ Schließen ]│
└─────────────────────────────────────────────────────────┘
```

Abb. A 5: Report zur Bestimmung der Kenngröße PVCLASS.

Anhang 143

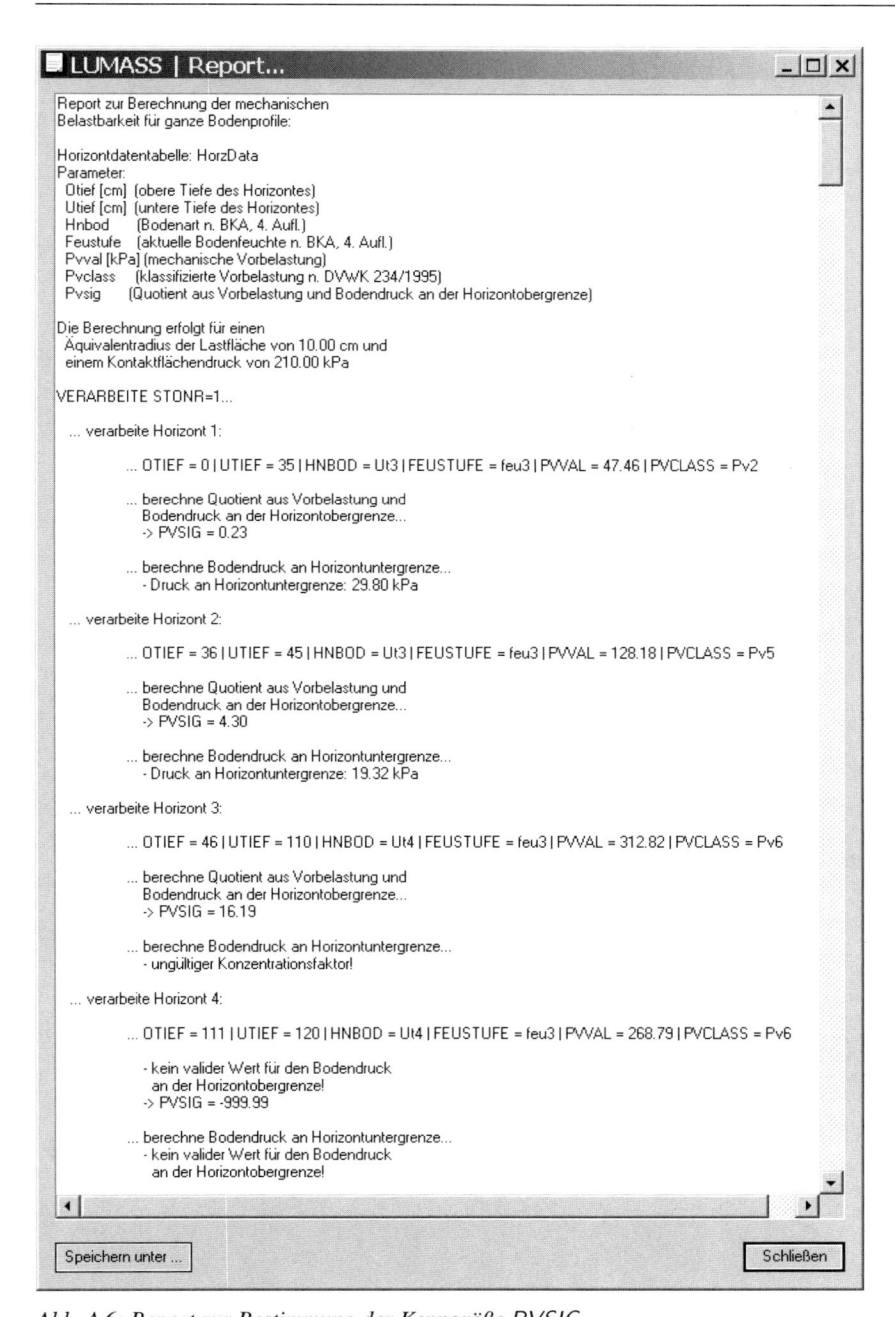

```
LUMASS | Report...                                              _ □ x

Report zur Berechnung der mechanischen
Belastbarkeit für ganze Bodenprofile:

Horizontdatentabelle: HorzData
Parameter:
  Otief [cm]  (obere Tiefe des Horizontes)
  Utief [cm]  (untere Tiefe des Horizontes)
  Hnbod       (Bodenart n. BKA, 4. Aufl.)
  Feustufe    (aktuelle Bodenfeuchte n. BKA, 4. Aufl.)
  Pvval [kPa] (mechanische Vorbelastung)
  Pvclass     (klassifizierte Vorbelastung n. DVWK 234/1995)
  Pvsig       (Quotient aus Vorbelastung und Bodendruck an der Horizontobergrenze)

Die Berechnung erfolgt für einen
  Äquivalentradius der Lastfläche von 10.00 cm und
  einem Kontaktflächendruck von 210.00 kPa

VERARBEITE STONR=1...

  ... verarbeite Horizont 1:

        ... OTIEF = 0 | UTIEF = 35 | HNBOD = Ut3 | FEUSTUFE = feu3 | PVVAL = 47.46 | PVCLASS = Pv2

        ... berechne Quotient aus Vorbelastung und
            Bodendruck an der Horizontobergrenze...
            -> PVSIG = 0.23

        ... berechne Bodendruck an Horizontuntergrenze...
            - Druck an Horizontuntergrenze: 29.80 kPa

  ... verarbeite Horizont 2:

        ... OTIEF = 36 | UTIEF = 45 | HNBOD = Ut3 | FEUSTUFE = feu3 | PVVAL = 128.18 | PVCLASS = Pv5

        ... berechne Quotient aus Vorbelastung und
            Bodendruck an der Horizontobergrenze...
            -> PVSIG = 4.30

        ... berechne Bodendruck an Horizontuntergrenze...
            - Druck an Horizontuntergrenze: 19.32 kPa

  ... verarbeite Horizont 3:

        ... OTIEF = 46 | UTIEF = 110 | HNBOD = Ut4 | FEUSTUFE = feu3 | PVVAL = 312.82 | PVCLASS = Pv6

        ... berechne Quotient aus Vorbelastung und
            Bodendruck an der Horizontobergrenze...
            -> PVSIG = 16.19

        ... berechne Bodendruck an Horizontuntergrenze...
            - ungültiger Konzentrationsfaktor!

  ... verarbeite Horizont 4:

        ... OTIEF = 111 | UTIEF = 120 | HNBOD = Ut4 | FEUSTUFE = feu3 | PVVAL = 268.79 | PVCLASS = Pv6

        - kein valider Wert für den Bodendruck
          an der Horizontobergrenze!
          -> PVSIG = -999.99

        ... berechne Bodendruck an Horizontuntergrenze...
            - kein valider Wert für den Bodendruck
              an der Horizontobergrenze!

  [ Speichern unter ... ]                                    [ Schließen ]
```

Abb. A 6: Report zur Bestimmung der Kenngröße PVSIG.

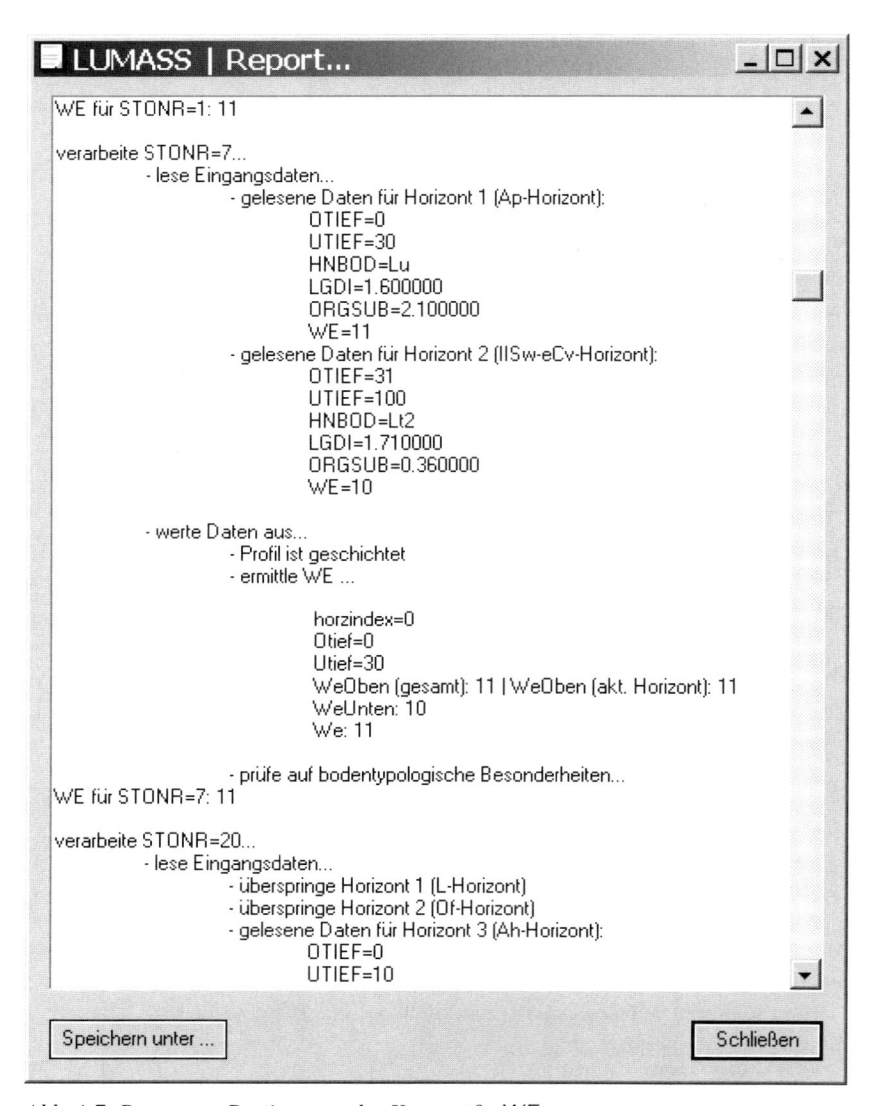

```
LUMASS | Report...                                    _ □ x

WE für STONR=1: 11

verarbeite STONR=7...
        - lese Eingangsdaten...
                - gelesene Daten für Horizont 1 (Ap-Horizont):
                        OTIEF=0
                        UTIEF=30
                        HNBOD=Lu
                        LGDI=1.600000
                        ORGSUB=2.100000
                        WE=11
                - gelesene Daten für Horizont 2 (IISw-eCv-Horizont):
                        OTIEF=31
                        UTIEF=100
                        HNBOD=Lt2
                        LGDI=1.710000
                        ORGSUB=0.360000
                        WE=10

        - werte Daten aus...
                - Profil ist geschichtet
                - ermittle WE ...

                        horzindex=0
                        Otief=0
                        Utief=30
                        WeOben (gesamt): 11 | WeOben (akt. Horizont): 11
                        WeUnten: 10
                        We: 11

                - prüfe auf bodentypologische Besonderheiten...
WE für STONR=7: 11

verarbeite STONR=20...
        - lese Eingangsdaten...
                - überspringe Horizont 1 (L-Horizont)
                - überspringe Horizont 2 (Of-Horizont)
                - gelesene Daten für Horizont 3 (Ah-Horizont):
                        OTIEF=0
                        UTIEF=10

[Speichern unter ...]                                [Schließen]
```

Abb. A 7: Report zur Bestimmung der Kenngröße WE.

Anhang 145

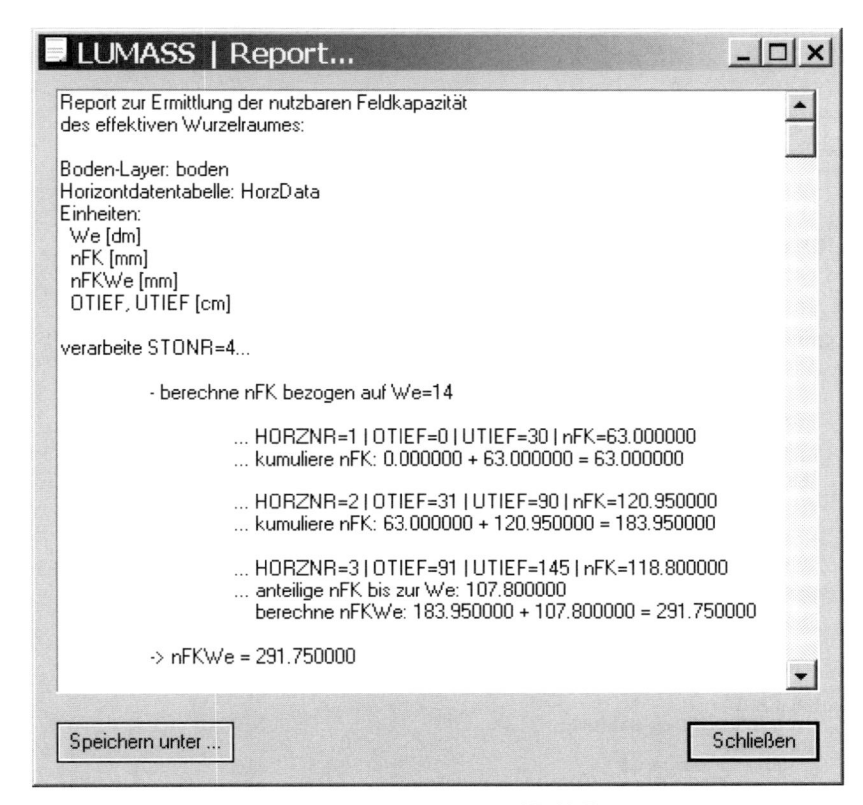

```
LUMASS | Report...                                    _ □ X

Report zur Ermittlung der nutzbaren Feldkapazität
des effektiven Wurzelraumes:

Boden-Layer: boden
Horizontdatentabelle: HorzData
Einheiten:
  We [dm]
  nFK [mm]
  nFKWe [mm]
  OTIEF, UTIEF [cm]

verarbeite STONR=4...

        - berechne nFK bezogen auf We=14

                ... HORZNR=1 | OTIEF=0 | UTIEF=30 | nFK=63.000000
                ... kumuliere nFK: 0.000000 + 63.000000 = 63.000000

                ... HORZNR=2 | OTIEF=31 | UTIEF=90 | nFK=120.950000
                ... kumuliere nFK: 63.000000 + 120.950000 = 183.950000

                ... HORZNR=3 | OTIEF=91 | UTIEF=145 | nFK=118.800000
                ... anteilige nFK bis zur We: 107.800000
                    berechne nFKWe: 183.950000 + 107.800000 = 291.750000

        -> nFKWe = 291.750000

  [Speichern unter ...]                              [Schließen]
```

Abb. A 8: Report zur Bestimmung der Kenngröße NFKWE.

```
LUMASS | Report...                                           _ |□| x |

Report zur Ermittlung der mittleren kapillaren
Aufstiegsrate in den effektiven Wurzelraum:

Boden-Layer: boden
Horizontdatentabelle: HorzData
Einheiten:
 We [cm]
 Mngw [cm]
 OTIEF, UTIEF [cm]
 za [cm]
 zg [cm]
 Kr [mm/d]

verarbeite STONR = 4...

        ... WE = 140 | MNGW = 170

        ... HORZNR = 1 | OTIEF = 0   | UTIEF = 30  | HORIZ: Ap   | LGDI = 1.610000  |HNBOD = Ut4
        ... HORZNR = 2 | OTIEF = 31  | UTIEF = 90  | HORIZ: Bv   | LGDI = 1.670000  |HNBOD = Ut4
        ... HORZNR = 3 | OTIEF = 91  | UTIEF = 145 | HORIZ: Sg-Bv| LGDI = 1.520000  |HNBOD = Ut4
        ... HORZNR = 4 | OTIEF = 146 | UTIEF = 170 | HORIZ: lCv  | LGDI = -9.990000 |HNBOD = Ut3

        ... werte Daten aus...

        ... MNGW bestimmt zg (= 170) ...

        ... za = zg - We ...
            30 = 170 - 140

            Bereich von We bis zg ist geschichtet!
            -> Berechne gewichtete KR....

        ...HORZNR: 3 ...
            relevante Schichtmächtigkeit [cm]: 5
            Bodenart: Ut4
            Lagerungsdichteklasse: Ld2
            Teil-KR = 5.000000 | Gewicht (Mächtigkeit/za) = 0.166667
            -> kummulative gewichtete KR = 0.833333

        ...HORZNR: 4 ...
            NODATA-Wert in Eingangsdaten entdeckt!
            -> Abbruch!
==> mittlere KR = -999.990000

[Speichern unter ...]                                      [Schließen]
```

Abb. A 9: Report zur Bestimmung der Kenngröße KR.

Ältere Bände der
Schriften des Geographischen Instituts der Universität Kiel
(Band I, 1932 - Band 43, 1975)
sowie der
Kieler Geographischen Schriften
(Band 44, 1976 - Band 57, 1983)
sind teilweise noch auf Anfrage im Geographischen Institut der CAU erhältlich

Band 58
Bähr, Jürgen (Hrsg.): Kiel 1879 - 1979. Entwicklung von Stadt und Umland im Bild der Topographischen Karte 1:25 000. Zum 32. Deutschen Kartographentag vom 11. - 14. Mai 1983 in Kiel. 1983. III, 192 S., 21 Tab., 38 Abb. mit 2 Kartenblättern in Anlage. ISBN 3-923887-00-0. 14,30 €

Band 59
Gans, Paul: Raumzeitliche Eigenschaften und Verflechtungen innerstädtischer Wanderungen in Ludwigshafen/Rhein zwischen 1971 und 1978. Eine empirische Analyse mit Hilfe des Entropiekonzeptes und der Informationsstatistik. 1983. XII, 226 S., 45 Tab. und 41 Abb. ISBN 3-923887-01-9. 15,30 €

Band 60
*Paffen, Karlheinz und Kortum, Gerhard: Die Geographie des Meeres. Disziplingeschichtliche Entwicklung seit 1650 und heutiger methodischer Stand. 1984. XIV, 293 S., 25 Abb. ISBN 3-923887-02-7.

Band 61
*Bartels, Dietrich u. a.: Lebensraum Norddeutschland. 1984. IX, 139 S., 23 Tab. und 21 Karten. ISBN 3-923887-03-5.

Band 62
Klug, Heinz (Hrsg.): Küste und Meeresboden. Neue Ergebnisse geomorphologischer Feldforschungen. 1985. V, 214 S., 45 Fotos, 10 Tab.und 66 Abb. ISBN 3-923887-04-3. 19,90 €

Band 63
Kortum, Gerhard: Zuckerrübenanbau und Entwicklung ländlicher Wirtschaftsräume in der Türkei. Ausbreitung und Auswirkung einer Industriepflanze unter besonderer Berücksichtigung des Bezirks Beypazari (Provinz Ankara). 1986. XVI, 392 S., 36 Tab., 47 Abb. und 8 Fotos im Anhang. ISBN 3-923887-05-1. 23,00 €

Band 64
Fränzle, Otto (Hrsg.): Geoökologische Umweltbewertung. Wissenschaftstheoretische und methodische Beiträge zur Analyse und Planung. 1986. VI,130 S., 26 Tab. und 30 Abb. ISBN 3-923887-06-X. 12,30 €

Band 65
Stewig, Reinhard: Bursa, Nordwestanatolien. Auswirkungen der Industrialisierung auf die Bevölkerungs- und Sozialstruktur einer Industriegroßstadt im Orient. Teil 2. 1986. XVI, 222 S., 71 Tab., 7 Abb. und 20 Fotos. ISBN 3-923887-07-8
19,00 €

Band 66
Stewig, Reinhard (Hrsg.): Untersuchungen über die Kleinstadt in Schleswig-Holstein. 1987. VI, 370 S., 38 Tab., 11 Diagr. und 84 Karten
ISBN 3-923887-08-6. 24,50 €

Band 67
Achenbach, Hermann: Historische Wirtschaftskarte des östlichen Schleswig-Holstein um 1850. XII, 277 S., 38 Tab., 34 Abb., Textband und Kartenmappe. ISBN 3-923887-09-4. 34,30 €

*= vergriffen

Band 68
Bähr, Jürgen (Hrsg.): Wohnen in lateinamerikanischen Städten - Housing in Latin American cities. 1988. IX, 299 S., 64 Tab., 71 Abb. und 21 Fotos.
ISBN 3-923887-10-8. 22,50 €

Band 69
Baudissin-Zinzendorf, Ute Gräfin von: Freizeitverkehr an der Lübecker Bucht. Eine gruppen- und regionsspezifische Analyse der Nachfrageseite. 1988. XII, 350 S., 50 Tab., 40 Abb. und 4 Abb. im Anhang. ISBN 3-923887-11-6. 16,40 €

Band 70
Härtling, Andrea: Regionalpolitische Maßnahmen in Schweden. Analyse und Bewertung ihrer Auswirkungen auf die strukturschwachen peripheren Landesteile. 1988. IV, 341 Seiten, 50 Tab., 8 Abb. und 16 Karten. ISBN 3-923887-12-4.
15,70 €

Band 71
Pez, Peter: Sonderkulturen im Umland von Hamburg. Eine standortanalytische Untersuchung. 1989. XII, 190 S., 27 Tab. und 35 Abb. ISBN 3-923887-13-2.
11,40 €

Band 72
Kruse, Elfriede: Die Holzveredelungsindustrie in Finnland. Struktur- und Standortmerkmale von 1850 bis zur Gegenwart. 1989. X, 123 S., 30 Tab., 26 Abb. und 9 Karten.
ISBN 3-923887-14-0. 12,60 €

Band 73
Bähr, Jürgen, Christoph Corves und Wolfram Noodt (Hrsg.): Die Bedrohung tropischer Wälder: Ursachen, Auswirkungen, Schutzkonzepte. 1989. IV, 149 S., 9 Tab. und 27 Abb. ISBN 3-923887-15-9. 13,20 €

Band 74
Bruhn, Norbert: Substratgenese - Rumpfflächendynamik. Bodenbildung und Tiefenverwitterung in saprolitisch zersetzten granitischen Gneisen aus Südindien. 1990. IV, 191 S. 35 Tab., 31 Abb. und 28 Fotos.
ISBN 3-923887-16-7. 11,60 €

Band 75
Priebs, Axel: Dorfbezogene Politik und Planung in Dänemark unter sich wandelnden gesellschaftlichen Rahmenbedingungen. 1990. IX, 239 S., 5 Tab. und 28 Abb.
ISBN 3-923887-17-5. 17,30 €

Band 76
Stewig, Reinhard: Über das Verhältnis der Geographie zur Wirklichkeit und zu den Nachbarwissenschaften. Eine Einführung. 1990. IX, 131 S., 15 Abb.
IBSN 923887-18-3. 12,80 €

Band 77
Gans, Paul: Die Innenstädte von Buenos Aires und Montevideo. Dynamik der Nutzungsstruktur, Wohnbedingungen und informeller Sektor. 1990. XVIII, 252 S., & 64 Tab., 36 Abb. und 30 Karten in separatem Kartenband. ISBN 3-923887-19-1.
45,00 €

Band 78
Bähr, Jürgen & Paul Gans (eds): The Geographical Approach to Fertility. 1991. XII, 452 S., 84 Tab. und 167 Fig. ISBN 3-923887-20-5. 22,40 €

Band 79
Reiche, Ernst-Walter: Entwicklung, Validierung und Anwendung eines Modellsystems zur Beschreibung und flächenhaften Bilanzierung der Wasser- und Stickstoffdynamik in Böden. 1991. XIII, 150 S., 27 Tab. und 57 Abb.
ISBN 3-923887-21-3. 9,70 €

Band 80
Achenbach, Hermann (Hrsg.): Beiträge zur regionalen Geographie von Schleswig-Holstein. Festschrift Reinhard Stewig. 1991. X, 386 S., 54 Tab. und 73 Abb. ISBN 3-923887-22-1.   19,10 €

Band 81
Stewig, Reinhard (Hrsg.): Endogener Tourismus. 1991. V, 193 S., 53 Tab. und 44 Abb. ISBN 3-923887-23-X.   16,80 €

Band 82
Jürgens, Ulrich: Gemischtrassige Wohngebiete in südafrikanischen Städten. 1991. XVII, 299 S., 58 Tab. und 28 Abb. ISBN 3-923887-24-8.   13,80 €

Band 83
Eckert, Markus: Industrialisierung und Entindustrialisierung in Schleswig-Holstein. 1992. XVII, 350 S., 31 Tab. und 42 Abb ISBN 3-923887-25-6.   12,70 €

Band 84
Neumeyer, Michael: Heimat. Zu Geschichte und Begriff eines Phänomens. 1992. V, 150 S. ISBN 3-923887-26-4.   9.00 €

Band 85
Kuhnt, Gerald und Zölitz-Möller, Reinhard (Hrsg): Beiträge zur Geoökologie aus Forschung, Praxis und Lehre. Otto Fränzle zum 60. Geburtstag. 1992. VIII, 376 S., 34 Tab. und 88 Abb. ISBN 3-923887-27-2.   19,00 €

Band 86
Reimers, Thomas: Bewirtschaftungsintensität und Extensivierung in der Landwirtschaft. Eine Untersuchung zum raum-, agrar- und betriebsstrukturellen Umfeld am Beispiel Schleswig-Holsteins. 1993. XII, 232 S., 44 Tab., 46 Abb. und 12 Klappkarten im Anhang. ISBN 3-923887-28-0.   12,20 €

Band 87
Stewig, Reinhard (Hrsg.): Stadtteiluntersuchungen in Kiel, Baugeschichte, Sozialstruktur, Lebensqualität, Heimatgefühl. 1993. VIII, 337 S., 159 Tab., 10 Abb., 33 Karten und 77 Graphiken. ISBN 923887-29-9.   12.30 €

Band 88
Wichmann, Peter: Jungquartäre randtropische Verwitterung. Ein bodengeographischer Beitrag zur Landschaftsentwicklung von Südwest-Nepal. 1993. X, 125 S., 18Tab. und 17 Abb. ISBN 3-923887-30-2.   10.10 €

Band 89
Wehrhahn, Rainer: Konflikte zwischen Naturschutz und Entwicklung im Bereich des Atlantischen Regenwaldes im Bundesstaat São Paulo, Brasilien. Untersuchungen zur Wahrnehmung von Umweltproblemen und zur Umsetzung von Schutzkonzepten. 1994. XIV, 293 S., 72 Tab., 41 Abb. und 20 Fotos. ISBN 3-923887-31-0.   17,50 €

Band 90
Stewig, Reinhard (Hrsg.): Entstehung und Entwicklung der Industriegesellschaft auf den Britischen Inseln. 1995. XII, 367 S., 20 Tab., 54 Abb. und 5 Graphiken. ISBN 3-923887-32-9.   16,60 €

Band 91
Bock, Steffen: Ein Ansatz zur polygonbasierten Klassifikation von Luft- und Satellitenbildern mittels künstlicher neuronaler Netze. 1995. XI, 152 S., 4 Tab. und 48 Abb. ISBN 3-923887-33-7.   8,60 €

Band 92
Matuschewski, Anke: Stadtentwicklung durch Public-Private-Partnership in Schweden. Kooperationsansätze der achtziger und neunziger Jahre im Vergleich. 1996. XI, 246 S., 16 Tab., 34 Abb., und 20 Fotos. ISBN 3-923887-34-5.   12,20 €

Band 93
Ulrich, Johannes und Kortum, Gerhard.: Otto Krümmel (1854-1912): Geograph und Wegbereiter der modernen Ozeanographie. 1997. VIII, 340 S. ISBN 3-923887-35-3.
24,00 €

Band 94
Schenck, Freya S.: Strukturveränderungen spanisch-amerikanischer Mittelstädte untersucht am Beispiel der Stadt Cuenca, Ecuador. 1997. XVIII, 270 S.
ISBN 3-923887-36-1.
13,20 €

Band 95
Pez, Peter: Verkehrsmittelwahl im Stadtbereich und ihre Beeinflussbarkeit. Eine verkehrsgeographische Analyse am Beispiel Kiel und Lüneburg. 1998. XVII, 396 S., 52 Tab. und 86 Abb.
ISBN 3-923887-37-X.
17,30 €

Band 96
Stewig, Reinhard: Entstehung der Industriegesellschaft in der Türkei. Teil 1: Entwicklung bis 1950, 1998. XV, 349 S., 35 Abb., 4 Graph., 5 Tab. und 4 Listen.
ISBN 3-923887-38-8.
15,40 €

Band 97
Higelke, Bodo (Hrsg.): Beiträge zur Küsten- und Meeresgeographie. Heinz Klug zum 65. Geburtstag gewidmet von Schülern, Freunden und Kollegen. 1998. XXII, 338 S., 29 Tab., 3 Fotos und 2 Klappkarten. ISBN 3-923887-39-6.
18,40 €

Band 98
Jürgens, Ulrich: Einzelhandel in den Neuen Bundesländern - die Konkurrenzsituation zwischen Innenstadt und "Grüner Wiese", dargestellt anhand der Entwicklungen in Leipzig, Rostock und Cottbus. 1998. XVI. 395 S., 83 Tab. und 52 Abb.
ISBN 3-923887-40-X.
16,30 €

Band 99
Stewig, Reinhard: Entstehung der Industriegesellschaft in der Türkei. Teil 2: Entwicklung 1950-1980. 1999. XI, 289 S., 36 Abb., 8 Graph., 12 Tab. und 2 Listen.
ISBN 3-923887-41-8.
13,80 €

Band 100
Eglitis, Andri: Grundversorgung mit Gütern und Dienstleistungen in ländlichen Räumen der neuen Bundesländer. Persistenz und Wandel der dezentralen Versorgungsstrukturen seit der deutschen Einheit. 1999. XXI, 422 S., 90 Tab. und 35 Abb.
ISBN 3-923887-42-6.
20,60 €

Band 101
Dünckmann, Florian: Naturschutz und kleinbäuerliche Landnutzung im Rahmen Nachhaltiger Entwicklung. Untersuchungen zu regionalen und lokalen Auswirkungen von umweltpolitischen Maßnahmen im Vale do Ribeira, Brasilien. 1999. XII, 294 S., 10 Tab., 9 Karten und 1 Klappkarte.ISBN 3-923887-43-4.
23,40 €

Band 102
Stewig, Reinhard: Entstehung der Industriegesellschaft in der Türkei. Teil 3: Entwicklung seit 1980. 2000. XX, 360 S., 65 Tab., 12 Abb. und 5 Graphiken
ISBN 3-923887-44-2.
17,10 €

Band 103
Bähr, Jürgen & Widderich, Sönke: Vom Notstand zum Normalzustand - eine Bilanz des kubanischen Transformationsprozesses. La larga marcha desde el período especial habia la normalidad - un balance de la transformación cubana. 2000. XI, 222 S., 51 Tab. und 15 Abb. ISBN 3-923887-45-0.
11,40 €

Band 104
Bähr, Jürgen & Jürgens, Ulrich: Transformationsprozesse im Südlichen Afrika - Konsequenzen für Gesellschaft und Natur. Symposium in Kiel vom 29.10.-30.10.1999. 2000. 222 S., 40 Tab., 42 Abb. und 2 Fig.
ISBN 3-923887-46-9.
13,30 €

Band 105
Gnad, Martin: Desegregation und neue Segregation in Johannesburg nach dem Ende der Apartheid. 2002. 281 S., 28 Tab. und 55 Abb.
ISBN 3-923887-47-7. 14,80 €

Band 106
*Widderich, Sönke: Die sozialen Auswirkungen des kubanischen Transformationsprozesses. 2002. 210 S., 44 Tab. und 17 Abb. ISBN 3-923887-48-5. 12,55 €

Band 107
Stewig, Reinhard: Bursa, Nordwestanatolien: 30 Jahre danach. 2003. 163 S., 16 Tab., 20 Abb. und 20 Fotos. ISBN 3-923887-49-3. 13,00 €

Band 108
Stewig, Reinhard: Proposal for Including Bursa, the Cradle City of the Ottoman Empire, in the UNESCO Wolrd Heritage Inventory. 2004. X, 75 S., 21 Abb., 16 Farbfotos und 3 Pläne. ISBN 3-923887-50-7. 18,00 €

Band 109
Rathje, Frank: Umnutzungsvorgänge in der Gutslandschaft von Schleswig-Holstein und Mecklenburg-Vorpommern. Eine Bilanz unter der besonderen Berücksichtigung des Tourismus. 2004. VI, 330 S., 56 Abb. ISBN 3-923887-51-5. 18,20 €

Band 110
Matuschewski, Anke: Regionale Verankerung der Informationswirtschaft in Deutschland. Materielle und immaterielle Beziehungen von Unternehmen der Informationswirtschaft in Dresden-Ostsachsen, Hamburg und der TechnologieRegion Karlsruhe. 2004. II, 385 S., 71 Tab. und 30 Abb. ISBN 3-923887-52-3. 18,00 €

Band 111
Gans, Paul, Axel Priebs und Rainer Wehrhahn (Hrsg.): Kulturgeographie der Stadt. 2006. VI, 646 S., 65 Tab. und 110 Abb.
ISBN 3-923887-53-1. 34,00 €

Band 112
Plöger, Jörg: Die nachträglich abgeschotteten Nachbarschaften in Lima (Peru). Eine Analyse sozialräumlicher Kontrollmaßnahmen im Kontext zunehmender Unsicherheiten. 2006. VI, 202 S., 1 Tab. und 22 Abb. ISBN 3-923887-54-X. 14,50 €

Band 113
Stewig, Reinhard: Proposal for Including the Bosphorus, a Singularly Integrated Natural, Cultural and Historical Sea- and Landscape, in the UNESCO World Heritage Inventory. 2006. VII, 102 S., 5 Abb. und 48 Farbfotos. ISBN 3-923887-55-8. 19,50 €

Band 114
Herzig, Alexander: Entwicklung eines GIS-basierten Entscheidungsunterstützungssystems als Werkzeug nachhaltiger Landnutzungsplanung. Konzeption und Aufbau des räumlichen Landnutzungsmanagementsystems LUMASS für die ökologische Optimierung von Landnutzungsprozessen und -mustern. 2007. VI, 146 S., 21 Tab. und 46 Abb. ISBN 987-3-923887-56-9. 12,00 €